特种作业（危险化学品）考试装置操作培训教程

烷基化工艺、氨基化工艺

隋　欣　主编
赵　韵　主审

化学工业出版社
·北京·

内 容 简 介

特种作业（危险化学品）考试装置操作培训教程是结合上海信息技术学校考点具体情况，并参照特种作业人员安全生产资格考试系列标准进行编写的，旨在提高危险化学品生产从业人员的职业安全素养与实际操作技能。

本书梳理了烷基化工艺、氨基化工艺的具体考核方案，介绍了仿真练习平台的使用及化工仿真 3D 软件操作方法，重点通过微课、动画等形式讲解了离心泵、换热器、加热炉、分馏塔、釜式反应器、固定床反应器共六个装置的隐患排查与现场应急处置的仿真操作规程及现场实物装置操作说明。学员可以扫描书中的二维码查看及学习相关单元装置的操作方法。

本书适合烷基化、氨基化工艺等危险化学品生产从业人员培训使用，也适合课程涉及化工仿真 3D 软件的相关教学使用。

图书在版编目（CIP）数据

特种作业（危险化学品）考试装置操作培训教程. 烷基化工艺、氨基化工艺/隋欣主编. —北京：化学工业出版社，2022.12
ISBN 978-7-122-42331-3

Ⅰ.①特… Ⅱ.①隋… Ⅲ.①化工产品-危险品-化工设备-操作-安全培训-教材②烷基化-生产工艺-化工设备-操作-安全培训-教材③氨基化物-生产工艺-化工设备-操作-安全培训-教材 Ⅳ.①TQ05

中国版本图书馆 CIP 数据核字（2022）第 188851 号

责任编辑：刘心怡　旷英姿　　　　　　文字编辑：陈立璞　林　丹
责任校对：王鹏飞　　　　　　　　　　　装帧设计：王晓宇

出版发行：化学工业出版社（北京市东城区青年湖南街13号　邮政编码100011）
印　　装：中煤（北京）印务有限公司
710mm×1000mm　1/16　印张7½　字数149千字　2023年4月北京第1版第1次印刷

购书咨询：010-64518888　　　　　　　售后服务：010-64518899
网　　址：http://www.cip.com.cn
凡购买本书，如有缺损质量问题，本社销售中心负责调换。

定　价：38.00元　　　　　　　　　　　　　　　　版权所有　违者必究

前言

为配合特种作业人员安全生产资格考试的培训和考核，我们以《特种作业人员安全技术培训考核管理规定（国家安全生产监督管理总局令第 30 号）》《安全生产资格考试与证书管理暂行办法》《特种作业安全技术实际操作考试标准（试行）》《特种作业安全技术实际操作考试点设备配备标准（试行）》等相关规定与标准文件为依据，编写了特种作业（危险化学品）考试装置操作培训教程。教程中包含了《特种作业安全技术实际操作考试标准（试行）》中的 16 种危险化学品安全作业。

本书主要内容包括烷基化工艺、氨基化工艺考试装置中的离心泵、换热器、加热炉、分馏塔、釜式反应器、固定床反应器共六个装置单元的操作原理及东方仿真 3D 软件操作方法，重点结合考核与培训实施方案讲解了各个装置的作业现场安全隐患排除以及作业现场应急处置相关操作说明。书中配备了多种教学资源，包括指导手册、教学视频、单元装置微课等，以二维码的形式融于相关知识介绍中，可用手机扫描查看。资源以文档、视频等形式，将相关知识形象化、具体化，可帮助学员更好地学习与记忆。

本书由上海信息技术学校和北京东方仿真集团合作编写，上海信息技术学校的隋欣主编，上海应用技术大学化学与环境工程学院的赵韵主审。具体工作分工为：模块一考核实施方案部分由上海信息技术学校的隋欣总结编写；模块二由上海信息技术学校的隋欣、高志新、王兆东共同编写并完成仿真微课视频的录制工作。上海信息技术学校的王文永、王维维、谭若兰在录制仿真微课的过程中也参与了策划、录制、剪辑等工作。北京东方仿真集团 HSE 项目团队负责现场装置视频录制工作。

本书在编写过程中，得到了上海安全生产科学研究所和化学工业出版社的大力支持，在此表示感谢。

本书适合烷基化工艺、氨基化工艺等危险化学品生产从业人员培训使用，也适合课程涉及化工仿真 3D 软件的相关教学使用。

由于烷基化工艺、氨基化工艺涉及面较广，本实训教程只结合考核方案进行编写，不足之处在所难免，恳请广大读者批评指正。

编　者

2022 年 7 月

目录

模块一 烷基化工艺、氨基化工艺作业考核实施方案 ... 001

模块二 装置单元技能操作 ... 003

项目一　通用仿真软件使用方法 ... 003
　任务一　学员登录介绍 ... 003
　任务二　软件使用介绍 ... 004
项目二　装置单元操作 ... 014
　任务一　完成离心泵单元操作 ... 014
　任务二　完成换热器单元操作 ... 024
　任务三　完成加热炉单元操作 ... 034
　任务四　完成分馏塔单元操作 ... 052
　任务五　完成釜式反应器单元操作 ... 074
　任务六　完成固定床反应器单元操作 ... 102

参考文献 ... 115

模块一

烷基化工艺、氨基化工艺作业考核实施方案

1. 理论考试		考试方式	考试时长	考题选择
理论内容		计算机考试	120min	安全生产知识
2. 科目一：安全用具使用		考试方式	考试时长	考题选择
灭火器的选择与使用		实际操作	3min	四选二
正压式空气呼吸器的使用		理论考试（40分）实际操作（60分）	20min	
创伤包扎		理论考试（40分）实际操作（60分）	8min	
单人徒手心肺复苏操作		理论考试（10分）实际操作（90分）	15min	
3. 科目三：作业现场安全隐患排除		考试方式	考试时长	考题选择
离心泵	入口管线堵	实物装置+仿真操作	8min	四选二
	原料泵抽空			
	长时间停电			
	原料泵坏			
	出料流量控制阀卡			
换热器	换热器结垢	实物装置+仿真操作	8min	
	冷物料中断			
	冷物流泵坏			
	长时间停电			
	热物流泵坏			
加热炉	原料中断	实物装置+仿真操作	8min	
	燃料中断			
	鼓风机故障停机			

续表

		考试方式	考试时长	考题选择
3. 科目三：作业现场安全隐患排除				
分馏塔	长时间停电	实物装置+仿真操作	8min	四选二
	原料中断			
	燃料气中断			
釜式反应器（特定单元）	长时间停电	实物装置+仿真操作	8min	二选一
	原料中断			
固定床反应器（特定单元）	反应器氢气中断	实物装置+仿真操作	8min	
	冷却水中断			
	反应器飞温			
4. 科目四：作业现场应急处置		考试方式	考试时长	考题选择
离心泵	离心泵机械密封泄漏着火	仿真操作	15min	四选二
	离心泵出口法兰泄漏，有人中毒			
	离心泵出口流量控制阀前法兰泄漏着火			
	离心泵出口法兰泄漏着火			
换热器	冷物料泵出口法兰泄漏着火	仿真操作	15min	
	换热器热物料出口法兰泄漏着火			
	换热器热物料出口法兰泄漏，有人中毒			
加热炉	原料泵出口法兰泄漏着火	仿真操作	15min	
	加热炉炉管破裂			
	燃料气分液罐安全阀法兰泄漏着火			
分馏塔	加热炉出口法兰泄漏着火	仿真操作	15min	
	分馏塔底泵出口法兰泄漏着火			
	分馏塔顶泵出口法兰泄漏伤人			
釜式反应器（特定单元）	第一反应器氢气进料阀法兰泄漏着火	仿真操作	15min	二选一
	己烷进料泵机械密封泄漏着火			
	第一反应器乙烯进料控制阀法兰泄漏，有人中毒			
固定床反应器（特定单元）	反应器二段出口法兰泄漏着火，有人受伤	仿真操作	15min	
	反应器一段入口阀门泄漏着火			
	粗氢一段入口控制阀前阀泄漏，有人中毒			

模块二

装置单元技能操作

项目一　通用仿真软件使用方法

任务一　学员登录介绍

学员可在考核系统的学员登录界面利用分配好的个人账号和密码登录专用仿真考试平台,进行培训、模拟考试以及科目三或科目四的正式考试。

学员登录界面及系统界面如图 2-1 和图 2-2 所示。

图 2-1　登录界面

图 2-2　系统界面

任务二　软件使用介绍

扫一扫看视频

科目三、科目四操作说明

通用单元和特定单元仿真模拟软件采用虚拟现实（3D）技术和流程模拟仿真技术开发，通过 3D 场景建模，搭建逼真的实际生产装置场景，利用虚拟人机交互规则，配置虚拟人物角色。如二维码中视频所示，学员可操作虚拟人物在三维场景进行各种现场操作，包括开关阀门，开关机泵，查看仪表，操作各种安全设施如消防水炮、消防栓、灭火器材、防护器材等进行工艺现场隐患处置和安全应急处理。

仿真模拟软件后台的工艺物流变化采用国际上先进的流程模拟仿真技术开发，利用成熟的工艺单元（设备）模型库和丰富的物性数据库，通过序贯模块法和联立方程法搭建动态工艺数学模型，模拟装置工艺生产和控制系统。动态工艺数学模型能够逼真地展现工艺事故过程中工艺参数的变化、安全事故对工艺参数的影响，培训和考核学员对工艺事故和安全事故的处置能力。

一、虚拟生产场景

根据生产装置现场的物理环境（图 2-3、图 2-4）、现场设备以及管线仪表等设施的物理属性（包括外观、尺寸、颜色、位置、管线及连接关系等）建立其 3D 模型

模块二　装置单元技能操作

(图2-5)，如阀室、加热炉、换热器、分离罐、贮罐、塔、反应器、仪表等。该3D模型也包括操作过程中的物理现象，如设备运行状态（图2-6、图2-7）、排液、排气、泄漏、着火、冒烟等。

图2-3　室内操作环境

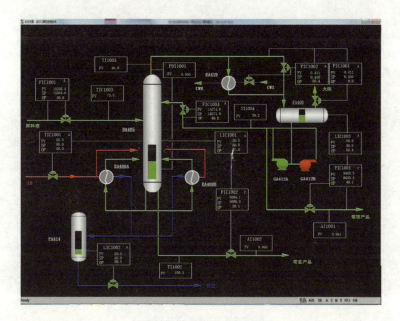

图2-4　室内电脑DCS界面

005

图 2-5 室外操作 3D 模型

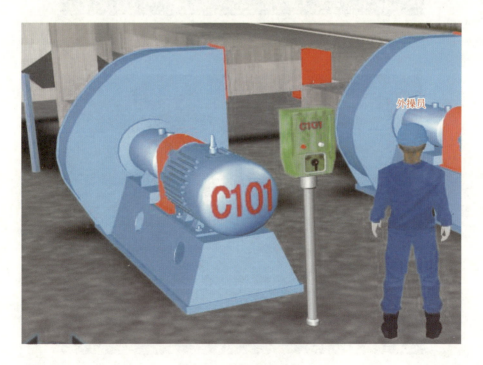

图 2-6 压缩机运行状态

模块二　装置单元技能操作

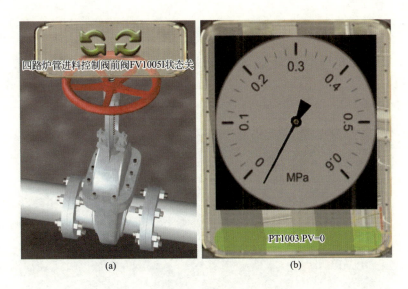

(a)　　　　　　　　　　　　　(b)

图 2-7　虚拟现场设备、管线及仪表

二、虚拟角色操作

根据净化装置操作人员的物理属性（包括人员外貌、着装、生物属性等）建立其 3D 模型，包括行为动作规则（图 2-8），如在 3D 模型场景中进行的阀门、机泵等操作行为；同时建立多人操作交互规则、多人同机操作时的行为规范。

图 2-8　虚拟人物及交互式操作

007

三、虚拟事故

通过最直观和逼真的视觉与听觉感受，能模拟出因破损程度、介质压力、风速风向等因素不同而导致的火焰高度、幅度、扩散方向和区域等变化（图 2-9～图 2-11）。

图 2-9　虚拟加热炉现场事故场景

图 2-10　虚拟室外离心泵现场事故场景

模块二　装置单元技能操作

图 2-11　虚拟室内离心泵着火现场事故场景

四、应急处置

在虚拟的三维立体视觉和听觉空间内，按装置应急预案进行应急处置，包括对于工具的使用和设备的操作，如图 2-12 为消防炮操作，图 2-13 为灭火器操作。

图 2-12　消防炮操作

图 2-13　灭火器操作

五、考核评分系统

仿真模拟软件内嵌有考核评分系统。考核评分系统能够实时监控学员的每一步操作是否符合规范，并能对学员的完成情况自动进行打分（图 2-14）。

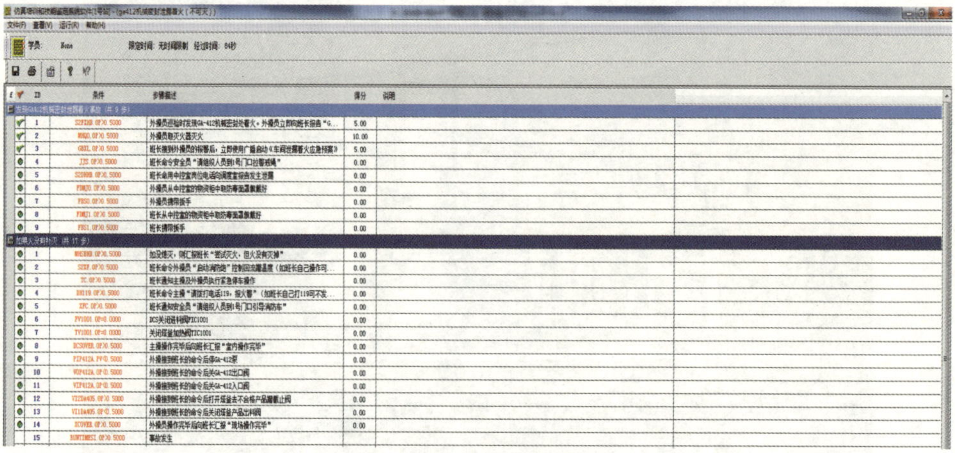

图 2-14　考核评分系统

六、操作帮助功能和在线指导功能

1. 操作帮助功能

为了方便操作，软件提供"系统帮助""操作帮助""工艺帮助"几类帮助信息。

"系统帮助"（图 2-15 与图 2-16）为系统使用帮助，帮助学员学习如何使用软件。

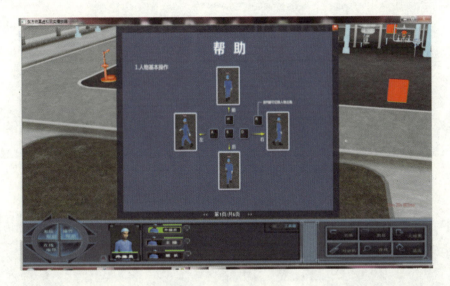

图 2-15　系统帮助（1）

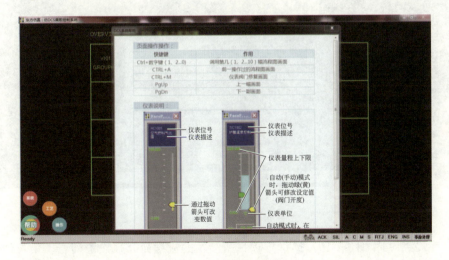

图 2-16　系统帮助（2）

"操作帮助"（图2-17与图2-18）指导学员学习当前训练题目需要如何操作。

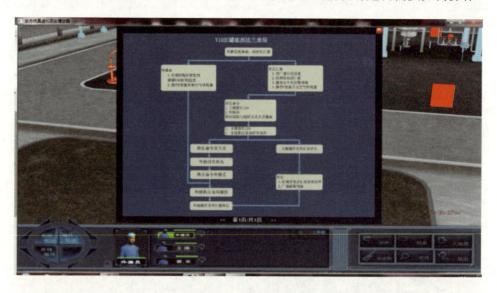

图 2-17　操作帮助（1）

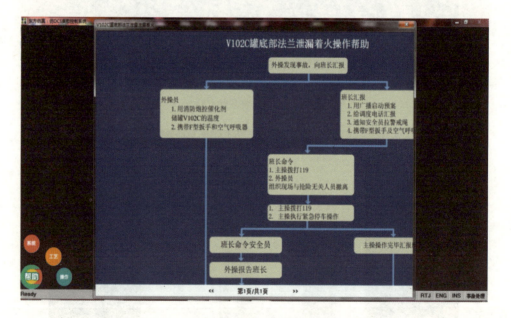

图 2-18　操作帮助（2）

"工艺帮助"（图2-19）提示本项目所涉及的流程简介、设备列表、仪表列表、复杂控制、联锁说明等信息。

模块二　装置单元技能操作

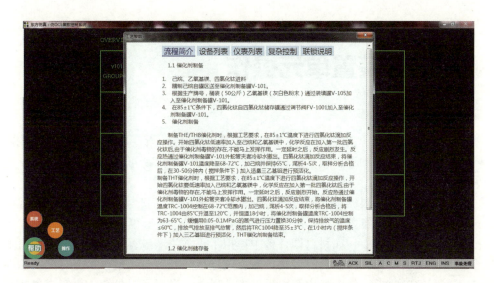

图 2-19　工艺帮助

"操作帮助"和"工艺帮助"可根据需要在管理端进行开关。

2. 在线指导

系统根据当前训练题目和学员操作状况实时提醒当前可操作内容（图 2-20）。

图 2-20　在线指导

在线指导可根据需要在管理端进行开关，也就是说可以控制学员端是否显示操作指导信息。

013

项目二　装置单元操作

离心泵、换热器、加热炉、分馏塔、釜式反应器、固定床反应器等单元装置（表 2-1）在正常运行中存在诸多安全隐患，如不及时排除，可能影响产品质量，甚至发生危险事故。

在科目三任务中根据单元装置的特性设置了诸多常见安全隐患，需及时进行排查，并根据现象判断隐患类型，选择合适的处理方式，降低事故风险。

安全生产重于泰山，在科目四任务中模拟了正常生产过程中可能会发生的诸多安全事故，需要班长、操作员等多角色配合进行事故处置，考察学员应对突发事件的快速反应、应急指挥处置能力等。根据事故现象，进行及时处置，可减少事故发生带来的人员伤亡和财产损失。

表 2-1　各装置单元所属模块

序号	任务名称	所属模块
1	离心泵单元	通用单元
2	换热器单元	通用单元
3	加热炉单元	通用单元
4	分馏塔单元	通用单元
5	釜式反应器单元	特定单元
6	固定床反应器单元	特定单元

注：参照考核标准，以东方仿真软件为例进行操作讲解。

任务一　完成离心泵单元操作

扫一扫看视频

离心泵介绍

一、工艺内容简介

1. 工作原理

离心泵一般由电动机带动。启动前须在离心泵的壳体内充满被输送的液体。当电动机通过联轴器带动叶轮高速旋转时，液体受到叶片的推力同时旋转；由于离心力的作用，液体从叶轮中心被甩向叶轮外沿，以高速流入泵壳；当液体到达蜗形通道后，由于截面积逐渐扩大,大部分动能变成静压能,于是液体以较高的压力送至所需的地方。当叶轮中心的液体被甩出后,泵壳吸入口形成了一定的真空,在压差的作用下,其他液体经吸入管吸入泵壳内,填补被排出液体的位置。

离心泵的操作中有两种现象是应该避免的,即气缚和汽蚀。"气缚"是指在启动泵之前没有灌满被输送液体或在运转过程渗入了空气,因气体的密度远小于液体,产生的离心力小,无法把空气甩出去,导致叶轮中心所形成的真空度不足以将液体吸入泵内;尽管此时叶轮在不停地旋转,却由于离心泵失去了自吸能力而无法输送液体。"汽蚀"指的是当贮槽液面上的压力一定时,如叶轮中心的压力降低到等于被输送液体当前温度下的饱和蒸气压,叶轮进口处的液体会出现大量的气泡,这些气泡随液体进入高压区后又迅速被压碎而凝结,致使气泡所在空间形成真空,周围液体质点以极大速度冲向气泡中心,造成冲击点上有瞬间局部冲击压力,从而使叶轮等部分很快损坏;同时伴有泵体振动,并发出噪声,泵的流量、扬程和效率明显下降。

2. 流程说明

来自界区的 40℃ 带压液体经控制阀 LV1001 进入贮槽 D101,D101 的压力由控制阀 PIC1001 分程控制在 0.5MPa(G)。当压力高于 0.5MPa(G)时,控制阀 PV1001B 打开泄压;当压力低于 0.5MPa(G)时,控制阀 PV1001A 打开充压。D101 的液位由控制阀 LIC1001 控制进料量维持在 50%,贮槽内液体经离心泵 P101A/B 送至界区外,泵出口流量由控制阀 FIC1001 控制在 20000kg/h。

3. 工艺卡片

离心泵单元工艺参数卡片如表 2-2 所示。

表 2-2 离心泵单元工艺参数卡片

名称	项目	单位	指标
原料进装置	流量	kg/h	20000
	压力(PIC1001)	MPa(G)	0.5
原料出装置	流量(FIC1001)	kg/h	20000
	压力(PI1003)	MPa(G)	1.5

4. 设备列表

离心泵单元设备列表如表 2-3 所示。

表 2-3 离心泵单元设备列表

位号	名称	位号	名称	位号	名称
D101	原料罐	P101A	原料泵	P101B	备用泵

5. 仪表列表

离心泵单元 DCS 仪表列表如表 2-4 所示。

表 2-4 离心泵单元 DCS 仪表列表

点名	单位	正常值	控制范围	描述
FIC1001	kg/h	20000	16000～24000	出料流量控制
PIC1001	MPa（G）	0.5	0.4～06	D101 压力控制
PI1003	MPa（G）	1.5	1.2～1.8	P101A 出口处压力
PI1005	MPa（G）	1.5	1.2～1.8	P101B 出口处压力
LIC1001	%	50	40～60	D101 液位控制

6. 现场阀列表

离心泵单元现场阀列表如表 2-5 所示。

表 2-5 离心泵单元现场阀列表

现场阀位号	描述	现场阀位号	描述
FV1001I	流量控制阀 FV1001 前阀	VX1D101	D101 的排液阀
FV1001O	流量控制阀 FV1001 后阀	VI1P101A	泵 P101A 入口阀
FV1001B	流量控制阀 FV1001 旁路阀	VX1P101A	泵 P101A 泄液阀
PV1001AI	压力控制阀 PV1001A 前阀	VX3P101A	泵 P101A 排气阀
PV1001AO	压力控制阀 PV1001A 后阀	VO1P101A	泵 P101A 出口阀
PV1001AB	压力控制阀 PV1001A 旁路阀	VI1P101B	泵 P101B 入口阀
PV1001BI	压力控制阀 PV1001B 前阀	VX1P101B	泵 P101B 泄液阀
PV1001BO	压力控制阀 PV1001B 后阀	VX3P101B	泵 P101B 排气阀
PV1001BB	压力控制阀 PV1001B 旁路阀	VO1P101B	泵 P101B 出口阀
LV1001I	液位控制阀 LV1001 前阀	SPVD101I	原料罐安全阀前阀
LV1001O	液位控制阀 LV1001 后阀	SPVD101O	原料罐安全阀后阀
LV1001B	液位控制阀 LV1001 旁路阀	SPVD101B	原料罐安全阀旁路阀

7. 离心泵仿真 PID 图

离心泵仿真 PID 图如图 2-21 所示。

8. 离心泵 DCS 图

离心泵 DCS 图如图 2-22 所示。

模块二　装置单元技能操作

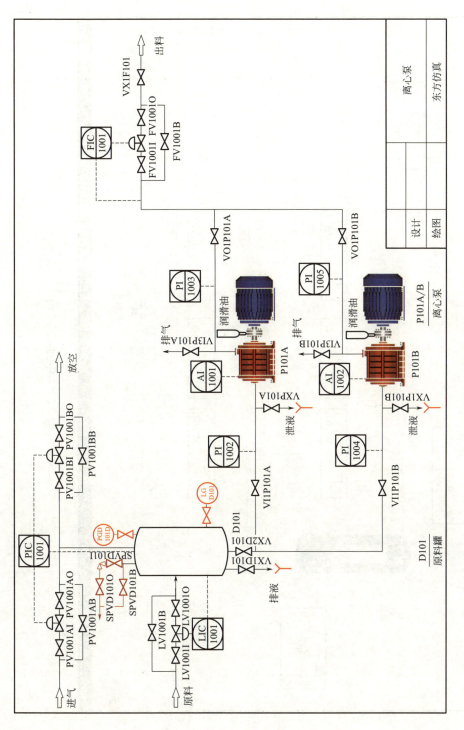

图 2-21　离心泵仿真 PID 图

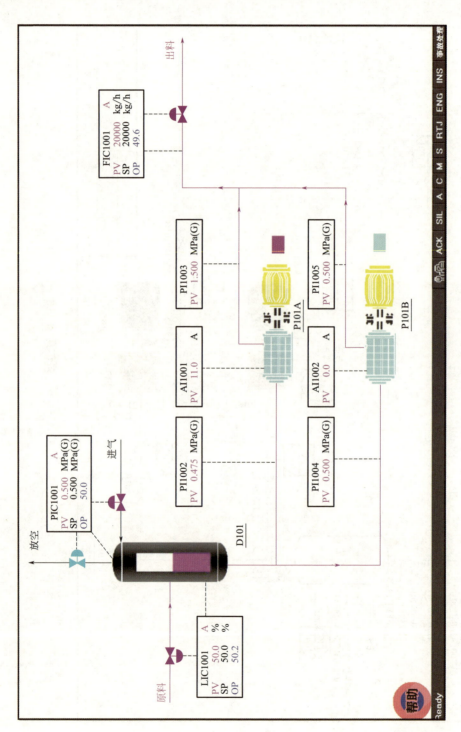

图 2-22 离心泵 DCS 图

二、作业现场安全隐患排除——仿真与实物

1. 长时间停电

事故原因：装置停电。

事故现象：泵 P101A 停转，出口压力迅速下降，流量迅速下降。

扫一扫看视频

离心泵作业现场安全隐患排除

处理原则：关闭出料流量控制阀与液位控制阀，维持系统压力稳定。

具体步骤：

（1）关闭原料泵出口阀 VO1P101A。
（2）出料流量控制阀 FIC1001 改为手动。
（3）关闭出料流量控制阀前后手阀及 FIC1001。
（4）液位控制阀 LIC1001 改为手动。
（5）关闭液位控制阀前后手阀及 LIC1001。
（6）维持系统压力在正常范围（0～100%）内。

2. 原料泵坏

事故原因：P101A 故障。

事故现象：P101A 泵停，出口压力下降。

处理原则：切换备用泵。

具体步骤：

（1）启动备用泵 P101B。
（2）打开备用泵出口阀 VO1P101B。
（3）关闭原料泵出口阀 VO1P101A。
（4）关闭原料泵入口阀 VI1P101A。
（5）打开原料泵泄液阀 VX1P101A。
（6）控制备用泵出口压力 PI1005 至正常值 1.5MPa（G）。
（7）控制泵出口流量 FIC1001 至正常值 20000kg/h。
（8）控制原料罐液位 LIC1001 在正常范围（0～100%）内。

3. 原料泵抽空

事故原因：原料泵抽空。

事故现象：泵 P101A 输送能力下降，出口压力下降。

处理原则：对事故泵进行排气操作，排除气缚并调节各参数。

具体步骤：

（1）打开事故泵排气阀 VX3P101A。
（2）排气完毕，关闭事故泵排气阀 VX3P101A。
（3）控制事故泵入口压力 PI1002 至正常值。

（4）控制事故泵出口压力 PI1003 至正常值 1.5MPa（G）。

（5）控制原料罐压力 PIC1001 至正常值 0.5MPa（G）。

4. 入口管线堵

事故原因：P101A 入口管线堵。

事故现象：泵 P101A 后压力下降。

处理原则：切换备用泵。

具体步骤：

（1）启动备用泵 P101B。

（2）打开备用泵出口阀 VO1P101B。

（3）关闭事故泵出口阀 VO1P101A。

（4）停事故泵 P101A。

（5）关闭事故泵入口阀 VI1P101A。

（6）控制备用泵入口压力 PI1004 至正常值。

（7）控制备用泵出口压力 PI1005 至正常值 1.5MPa（G）。

（8）控制泵出口流量 FIC1001 至正常值 20000kg/h。

（9）控制原料罐液位 LIC1001 在正常范围（0～100%）内。

5. 出料流量控制阀卡

事故原因：控制阀 FV1001 卡。

事故现象：DCS 界面显示出料流量（FIC1001）迅速降低。

处理原则：切换旁路阀。

具体步骤：

（1）打开出料流量控制阀旁路阀 FV1001B。

（2）关闭出料流量控制阀前阀 FV1001I。

（3）关闭出料流量控制阀后阀 FV1001O。

（4）调节流量达到正常值 20000 kg/h。

三、作业现场应急处置——仿真

1. 离心泵机械密封泄漏着火

作业状态：离心泵 P101A 运转正常，各工艺指标操作正常。

事故描述：离心泵机械密封泄漏着火。

应急处理程序：

注：下列命令和报告除特殊标明外，都是用对讲机来进行传递。

（1）外操员正在巡检，当行走到原料泵 P101A 时发现机械

扫一扫看视频

离心泵作业现场应急处置

密封处泄漏着火。外操员立即向班长报告"原料泵 P101A 机械密封处泄漏着火"。

（2）班长接到外操员的报警后，立即使用广播启动《车间泄漏着火应急预案》；然后命令安全员"请组织人员到门口拉警戒绳"；接着用中控室岗位电话向调度室报告发生泄漏着火（电话号码：12345678；电话内容："原料泵 P101A 机械密封处泄漏着火，已启动应急预案"）。

（3）外操员返回中控室取出空气呼吸器佩戴好，并携带 F 型扳手迅速去事故现场。

（4）班长从中控室中取出空气呼吸器佩戴好，并携带 F 型扳手迅速去事故现场。

（5）安全员收到班长的命令后，从中控室的工具柜中取出空气呼吸器佩戴好，携带警戒绳，去 1 号大门口。到达后立即拉警戒绳（自动完成）。

（6）班长通知主操"请拨打电话 119，报火警"；主操报火警"泵房内离心泵机械密封处苯泄漏着火，火势较大，无法控制，请派消防车灭火，报警人张三"；班长通知安全员"请组织人员到 1 号门口引导消防车"。

（7）安全员听到班长的命令后，打开消防通道，引导消防车进入事故现场（自动完成）。

（8）班长通知主操及外操员"执行紧急停车操作"。

（9）外操接到班长的命令后执行相应操作：
停事故泵 P101A 电源；
关闭原料罐底现场阀 VX2D101；
关闭流量控制阀前阀 FV100I；
通知主操"事故泵 P101A 已停止运转"；
向班长汇报"现场操作完毕"。

（10）主操听到班长通知后，点击 DCS 进行相应操作：
关闭系统进料控制阀 LIC1001；
待现场停泵 P101A 后关闭产品送出阀 FIC1001；
向班长汇报"室内操作完毕"。

（11）待所有操作完成后，班长向调度汇报"事故处理完毕，请派维修人员进行维修"。

（12）班长用广播宣布"解除事故应急预案"，整个事故处理结束。

2. 离心泵出口法兰泄漏着火

作业状态：当前离心泵运转正常，各工艺指标操作正常。

事故描述：离心泵出口法兰泄漏着火。

应急处理程序：

注：下列命令和报告除特殊标明外，都是用对讲机来进行传递。

（1）外操员正在巡检，当行走到原料泵 P101A 时看到离心泵出口法兰泄漏着火。外操员立即向班长报告"原料泵 P101A 出口法兰泄漏着火"。

（2）班长接到外操员的报警后，立即使用广播启动《车间泄漏着火应急预案》；然后命令安全员"请组织人员到门口拉警戒绳"；接着用中控室岗位电话向调度室报告发生泄漏着火（电话号码：12345678；电话内容："泵 P101A 出口法兰泄漏着火，已启动应急预案"）。

（3）外操员返回中控室取出空气呼吸器佩戴好，并携带 F 型扳手迅速去事故现场。

（4）班长从中控室中取出空气呼吸器佩戴好，并携带 F 型扳手迅速去事故现场。

（5）安全员收到班长的命令后，从中控室的工具柜中取出空气呼吸器佩戴好，携带警戒绳，去 1 号大门口。到达后立即拉警戒绳（自动完成）。

（6）班长通知主操"请拨打电话 119，报火警"；主操报火警"泵房内离心泵出口法兰处苯泄漏着火，火势较大，无法控制，请派消防车灭火，报警人张三"；班长通知安全员"请组织人员到 1 号门口引导消防车"。

（7）安全员听到班长的命令后，打开消防通道，引导消防车进入事故现场（自动完成）。

（8）班长通知主操及外操员"执行紧急停车操作"。

（9）外操接到班长的命令后执行相应操作：

停事故泵 P101A 电源；

关闭原料罐底现场阀 VX2D101；

关闭出料流量控制阀前阀 FV1001I；

通知主操"事故泵 P101A 已停止运转"；

向班长汇报"现场操作完毕"。

（10）主操听到班长通知后，点击 DCS 进行相应操作：

关闭系统进料控制阀 LIC1001；

待现场停泵后关闭产品送出阀 FIC1001；

向班长汇报"室内操作完毕"。

（11）待所有操作完成后，班长向调度汇报"事故处理完毕，请派维修人员进行维修"。

（12）班长用广播宣布"解除事故应急预案"，整个事故处理结束。

3. 离心泵出口法兰泄漏有人中毒

作业状态：当前离心泵运转正常，各工艺指标操作正常。

事故描述：离心泵出口法兰泄漏，有一工人中毒晕倒在地。

应急处理程序：

注：下列命令和报告除特殊标明外，都是用对讲机来进行传递。

（1）外操员正在巡检，当行走进泵房时发现原料泵 P101A 附近有一工人中毒晕倒在地。外操员立即向班长报告"原料泵 P101A 附近有一工人中毒晕倒在地"。

（2）班长接到外操员的报警后，立即使用广播启动《车间泄漏中毒应急预案》；然后命令安全员"请组织人员到门口拉警戒绳"；接着用中控室岗位电话向调度室报告发生泄漏（电话号码：12345678；电话内容："原料泵 P101A 处泄漏，有一工人中毒晕倒在地，已启动应急预案"）。

（3）外操员返回中控室取出空气呼吸器佩戴好，并携带 F 型扳手迅速去事故现场。

（4）班长从中控室中取出空气呼吸器佩戴好，并携带 F 型扳手迅速去事故现场。

（5）安全员收到班长的命令后，从中控室的工具柜中取出空气呼吸器佩戴好，携带警戒绳，去 1 号大门口。到达后立即拉警戒绳（自动完成）。

（6）班长带领外操员到达现场，将中毒人员抬出泵房。班长通知主操"请打电话 120 叫救护车"。

（7）主操向 120 呼救（电话内容："泵房内离心泵出口法兰处苯泄漏，有人中毒昏迷不醒，请派救护车，拨打人张三"）。

（8）班长通知安全员引导救护车。

（9）救护车到来，将中毒工人救走（自动完成）。

（10）班长命令外操"关停事故泵 P101A，启动备用泵 P101B，并将事故泵 P101A 倒空"，并命令主操"监视装置生产状况"。

（11）外操员关停事故泵 P101A 电源；对备用泵 P101B 盘车，启动备用泵 P101B，打开其出口阀；备用泵 P101B 启动运转正常后，关闭事故泵 P101A 后阀 VO1P101A、前阀 VI1P101A；向班长汇报"现场操作完毕"。

（12）主操向班长汇报"装置运行正常"。

（13）待所有操作完成后，班长向调度汇报"事故处理完毕，请派维修人员进行维修"。

（14）班长用广播宣布"解除事故应急预案"，整个事故处理结束。

4. 出料流量控制阀前法兰泄漏着火

作业状态：当前离心泵运转正常，各工艺指标操作正常。

事故描述：出料流量控制阀 FIC1001 前法兰泄漏着火。

应急处理程序：

注：下列命令和报告除特殊标明外，都是用对讲机来进行传递。

（1）外操员正在巡检，当行走至泵房时，看到出料流量控制阀 FIC1001 前法兰处泄漏着火。外操员立即向班长报告"出料流量控制阀 FIC1001 前法兰处泄漏着火"。

（2）班长接到外操员的报警后，立即使用广播启动《车间泄漏着火应急预案》；然后命令安全员"请组织人员到门口拉警戒绳"；接着用中控室岗位电话向调度室报告发生泄漏着火（电话号码：12345678；电话内容："出料流量控制阀 FIC1001 前法兰泄漏着火，已启动应急预案"）。

（3）外操员返回中控室取出空气呼吸器佩戴好，并携带 F 型扳手迅速去事故现场。

（4）班长从中控室中取出空气呼吸器佩戴好，并携带 F 型扳手迅速去事故现场。

（5）安全员收到班长的命令后，从中控室的工具柜中取出空气呼吸器佩戴好，携带警戒绳，去 1 号大门口。到达后立即拉警戒绳（自动完成）。

（6）班长通知主操"请拨打电话 119，报火警"；主操报火警"泵房内出料流量控制阀前法兰处苯泄漏着火，火势较大，无法控制，请派消防车灭火，报警人张三"；班长通知安全员"请组织人员到 1 号门口引导消防车"。

（7）安全员听到班长的命令后，打开消防通道，引导消防车进入事故现场（自动完成）。

（8）班长通知主操及外操员"执行紧急停车操作"。

（9）外操接到班长的命令后执行相应操作：

停原料泵 P101A 电源；

关闭原料泵出口阀 VO1P101A；

关闭去下游装置现场阀 VX1F101；

向班长汇报"现场操作完毕"。

（10）主操听到班长通知后，点击 DCS 进行相应操作：

关闭系统进料控制阀 LIC1001；

待现场停泵后关闭产品送出阀 FIC1001；

向班长汇报"室内操作完毕"。

（11）待所有操作完成后，班长向调度汇报"事故处理完毕，请派维修人员进行维修"。

（12）班长用广播宣布"解除事故应急预案"，整个事故处理结束。

任务二　完成换热器单元操作

扫一扫看视频

换热器介绍

一、工艺内容简介

1. 工作原理

本单元选用的是双程列管式换热器，冷物流被加热后有相变化。

在对流传热中，传递的热量除与传热推动力（温度差）有关外，还与传热面积和传热系数成正比。传热面积减少时，传热量减少；如果间壁上有气膜或垢层，都会降低传热系数，减少传热量。所以，开车时要排不凝气；发生管堵或严重结垢时，必须停车检修或清洗。

另外，考虑到金属的热胀冷缩特性，尽量减小温差应力和局部过热等问题，开车时应先进冷物料后进热物料；停车时则先停热物料后停冷物料。

2. 流程说明

冷物流（92℃）进入本单元，经泵 P101A/B，由控制阀 FIC1001 控制流量送入换热器 E101 壳程，加热到 142℃（20% 被汽化）后，经阀 VI2E101 出系统。热物流（225℃）进入系统，经泵 P102A/B，由温度控制阀 TIC1001 分程控制主线控制阀 TV1001A 和副线控制阀 TV1001B（两控制阀的分程动作如图 2-23 所示）送入换热器与冷物流换热，使冷物料出口温度稳定；过主线阀 TV1001A 的热物流经换热器 E101 管程后，与副线阀 TV1001B 来的热物流混合［混合温度为（177±2）℃］，由阀 VI4E101 出本单元。

3. 工艺卡片

换热器单元工艺参数卡片如表 2-6 所示。

表 2-6　换热器单元工艺参数卡片

物流	项目及位号	正常指标	单位
冷物流进装置	流量（FIC1001）	19200	kg/h
	温度（TI1001）	92	℃
热物流进装置	流量（FI1001）	10000	kg/h
	温度（TI1003）	225	℃
冷物流出装置	温度（TI1002）	142	℃
热物流出装置	温度（TI1004）	177	℃

4. 设备列表

换热器单元设备列表如表 2-7 所示。

表 2-7　换热器单元设备列表

设备位号	设备名称	设备位号	设备名称	设备位号	设备名称
P101A/B	冷物流进料泵	P102A/B	热物流进料泵	E101	列管式换热器

5. 仪表列表

换热器单元仪表列表如表 2-8 所示。

表 2-8 换热器单元仪表列表

序号	位号	单位	正常值	控制范围	描述
1	FIC1001	kg/h	19200	19100～19300	E101 冷物流流量控制
2	FI1001	kg/h	10000	9900～10100	热物流主线流量显示
3	FI1002	kg/h	10000	9900～10100	热物流副线流量显示
4	PI1001	MPa（G）	0.8	0.3～1.3	P101A/B 出口压力显示
5	PI1002	MPa（G）	0.9	0.4～1.4	P102A/B 出口压力显示
6	TIC1001	℃	177	167～187	热物流出口温度控制
7	TI1001	℃	92	82～102	冷物流入口温度显示
8	TI1002	℃	142	132～152	冷物流出口温度显示
9	TI1003	℃	225	215～235	热物流入口温度显示
10	TI1004	℃	129	119～139	热物流出口温度显示

6. 现场阀列表

换热器单元现场阀列表如表 2-9 所示。

表 2-9 换热器单元现场阀列表

位号	描述	位号	描述
FV1001I	FV1001 前手阀	P102AI	P102A 前阀
FV1001O	FV1001 后手阀	P102AO	P102A 后阀
FV1001B	FV1001 旁路阀	P102BI	P102B 前阀
TV1001AI	TV1001A 前手阀	P102BO	P102B 后阀
TV1001AO	TV1001A 后手阀	VX1E101	E101 壳程排气阀
TV1001AB	TV1001A 旁路阀	VX2E101	E101 管程排气阀
TV1001BI	TV1001B 前手阀	VI1E101	冷物流进料阀
TV1001BO	TV1001B 后手阀	VI2E101	冷物流出口阀
TV1001BB	TV1001B 旁路阀	LPY	E101 壳程泄液阀
P101AI	P101A 前阀	VI3E101	E101 壳程导淋阀
P101AO	P101A 后阀	VI4E101	热物流出口阀
P101BI	P101B 前阀	RPY	E101 管程泄液阀
P101BO	P101B 后阀	VI5E101	E101 管程导淋阀

7. 换热器仿真 PID 图

换热器仿真 PID 图如图 2-23 所示。

模块二 装置单元技能操作

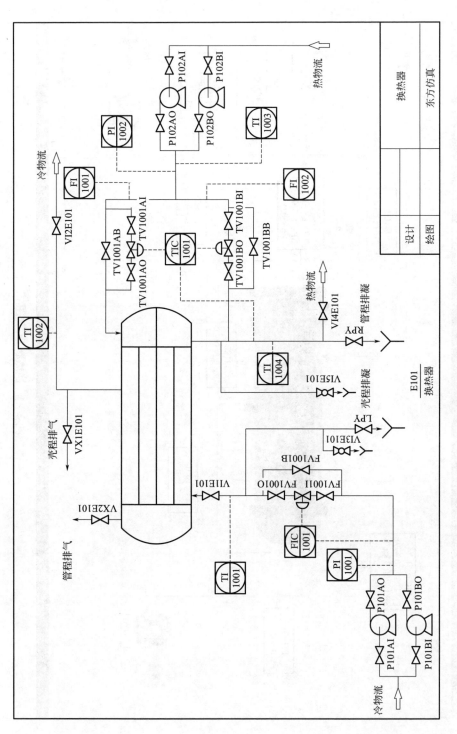

图 2-23 换热器仿真 PID 图

8. 换热器 DCS 图

换热器 DCS 图如图 2-24 所示。

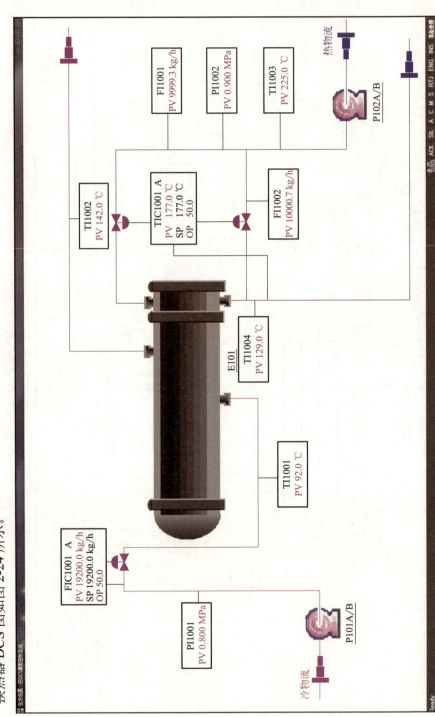

图 2-24 换热器 DCS 图

二、作业现场安全隐患排除——仿真与实物

1. 换热器结垢

事故原因：换热器结垢严重。

事故现象：冷物流出口温度降低，热物流出口温度升高。

处理原则：停冷热物流泵及进料，并对换热器管程和壳程进行排凝操作。

扫一扫看视频

换热器作业现场安全隐患排除

具体步骤：

停热物流泵 P102A：

（1）关闭热物流进料泵 P102A 后阀 P102AO；

（2）关闭热物流进料泵 P102A。

停热物流进料：

（1）当热物流进料泵 P102A 出口压力降到 0.01MPa 时，关闭热物流进料泵 P102A 入口阀 P102AI；

（2）关闭热物流进料控制阀 TIC1001；

（3）关闭换热器 E101 热物流出口阀 VI4E101。

换热器 E101 管程排凝：

（1）全开换热器 E101 管程排气阀 VX2E101；

（2）打开管程泄液阀 RPY；

（3）打开管程导淋阀 VI5E101，确认管程中的液体是否排净；

（4）如果管程中的液体排净，关闭管程泄液阀 RPY 及其导淋阀 VI5E101；

（5）确定管程中的液体排净后，关闭管程排气阀 VX2E101。

停冷物流泵 P101A：

（1）关闭冷物流进料泵 P101A 后阀 P101AO；

（2）关闭冷物流进料泵 P101A。

停冷物流进料：

（1）当冷物流进料泵出口压力小于 0.01MPa 时，关闭冷物流进料泵前阀 P101AI；

（2）关闭冷物流进料控制阀 FIC1001；

（3）关闭冷物流进换热器 E101 进料阀 VI1E101；

（4）关闭换热器冷物流出口阀 VI2E101。

换热器 E101 壳程排凝：

（1）全开壳程排气阀 VX1E101；

（2）打开壳程泄液阀 LPY；

（3）打开 E101 壳程导淋阀 VI3E101，确认壳程中的液体是否排净；

（4）如果壳程中的液体排净，关闭泄液阀 LPY；

（5）确定壳程中的液体排净后，关闭排气阀 VX1E101。

2. 热物流泵坏

事故原因：泵 P102A 故障。

事故现象：泵 P102A 出口压力骤降，冷物流出口温度下降。

处理原则：切换备用泵。

具体步骤：

（1）切换为备用泵 P102B。

（2）打开备用泵 P102B 的后手阀 P102BO。

（3）调整各工艺参数至正常范围，维持正常生产：

调节泵 P101A 出口压力 PI1001 为 0.8MPa（G）；

调节泵 P102A 出口压力 PI1002 为 0.9MPa（G）；

调节热物流主线流量 FI1001 为 10000kg/h；

调节热物流副线流量 FI1002 为 10000kg/h；

调节冷物流流量 FIC1001 为 19200kg/h；

调节热物流出口温度 TIC1001 为 177℃；

调节冷物流入口温度 TI1001 为 92℃；

调节冷物流出口温度 TI1002 为 142℃；

调节热物流入口温度 TI1003 为 225℃；

调节热物流出口温度 TI1004 为 129℃。

3. 冷物流泵坏

事故原因：泵 P101A 故障。

事故现象：泵 P101A 出口压力骤降，FIC1001 流量指示值减少。

处理原则：切换备用泵。

具体步骤：

（1）切换为备用泵 P101B。

（2）打开备用泵 P101B 的后手阀 P101BO。

（3）调整各工艺参数至正常范围，维持正常生产：

调节泵 P101A 出口压力 PI1001 为 0.8MPa（G）；

调节泵 P102A 出口压力 PI1002 为 0.9MPa（G）；

调节热物流主线流量 FI1001 为 10000kg/h；

调节热物流副线流量 FI1002 为 10000kg/h；

调节冷物流流量 FIC1001 为 19200kg/h；

调节热物流出口温度 TIC1001 为 177℃；

调节冷物流入口温度 TI1001 为 92℃；

调节冷物流出口温度 TI1002 为 142℃；

调节热物流入口温度 TI1003 为 225℃；

调节热物流出口温度 TI1004 为 129℃。

4.长时间停电

事故原因：装置停电。

事故现象：所有泵停止工作，冷、热物流压力骤降。

处理原则：关闭冷热物流进料泵出口阀。

具体步骤：

（1）关闭冷物流进料泵出口阀 P101AO。

（2）关闭热物流进料泵出口阀 P102AO。

5.冷物料中断

事故原因：冷物料突然中断。

事故现象：冷物料流量降为零。

处理原则：停用冷热物流泵。

具体步骤：

（1）关闭热物流进料泵出口阀 P102AO。

（2）停热物流进料泵 P102A。

（3）关闭冷物流进料泵出口阀 P101AO。

（4）停冷物流进料泵 P101A。

三、作业现场应急处置——仿真

扫一扫看视频

换热器作业现场应急处置

1.冷物流泵出口法兰泄漏着火

作业状态：换热器各工艺指标操作正常。

事故描述：冷物流泵出口法兰泄漏着火。

应急处理程序：

注：下列命令和报告除特殊标明外，都是用对讲机来进行传递。

（1）外操员正在巡检，当行走到换热器 E101 时，看到换热器冷物流泵出口法兰处泄漏着火。外操员立即向班长报告"换热器冷物流泵 P101A 出口法兰处泄漏着火"。

（2）外操员快速取灭火器站在上风口对准着火点进行喷射灭火。

（3）班长接到外操员的报警后，立即使用广播启动《车间泄漏着火应急预案》。

（4）班长用中控室电话向调度室报告"换热器冷物流泵 P101A 出口法兰处泄漏着火，已启动应急预案"。

（5）班长命令安全员"请组织人员到 1 号门口拉警戒绳"。

（6）外操员和班长从中控室的工具柜中取出正压式空气呼吸器佩戴好，并携带 F 型扳手。

>> 如果火无法熄灭（需要紧急停车）：

（1）外操员向班长汇报"尝试灭火，但火没有灭掉"。

（2）班长命令主操"请拨打电话119，报火警"（如班长自己拨打119可不发此命令。电话内容："换热器冷物流泵P101A出口法兰处发生火灾，有可燃物泄漏并着火，请派消防车来，张三报警"）。

（3）班长命令安全员"请组织人员到1号门口引导消防车"。

（4）班长命令主操及外操员"执行紧急停车操作"：

主操将热物料进料控制阀TIC1001切至手动；

主操将热物流进料控制阀TIC1001关闭；

主操关闭冷物流进料控制阀FIC1001；

主操操作完毕后向班长汇报"室内操作完毕"；

外操员停冷物流泵P101A；

外操员关闭冷物流入口阀VI1E101；

外操员关闭冷物流出口阀VI2E101；

外操员关闭热物流泵P102A的出口阀P102AO；

外操员停热物流泵P102A；

外操员关闭换热器热物流出口阀VI4E101；

待火扑灭且泄漏消除之后，外操员向班长汇报"现场操作完毕"。

（5）待所有操作完成后，班长向调度汇报"事故处理完毕"。

（6）班长用广播宣布"解除事故应急预案"。

2. 换热器热物料出口法兰泄漏着火

作业状态：换热器各工艺指标操作正常。

事故描述：热物料出口法兰处着火。

应急处理程序：

注：下列命令和报告除特殊标明外，都是用对讲机来进行传递。

（1）外操正在巡检，当行走到E101时看到换热器热物流出口法兰处泄漏着火，马上向班长报告"换热器E101热物流出口法兰处泄漏着火"。

（2）外操快速取灭火器站在上风口对准着火点进行喷射灭火。

（3）班长接到外操的报警后，立即使用广播启动《车间泄漏着火应急预案》。

（4）班长用中控室电话向调度室报告"换热器E101热物流出口法兰处泄漏着火，已启动应急预案"。

（5）班长命令安全员"请组织人员到1号门口拉警戒绳"。

（6）外操和班长从中控室的工具柜中取出正压式空气呼吸器佩戴好并携带F型扳手。

>> 如果火无法熄灭（需要紧急停车）：

（1）外操向班长汇报"尝试灭火，但火没有灭掉"。

（2）班长命令主操"请拨打电话119，报火警"（如班长自己拨打119可不发此命令。电话内容："换热器E101热物流出口法兰处发生火灾，有可燃物泄漏并着火,请派消防车来,张三报警")。

(3) 班长命令安全员"请组织人员到 1 号门口引导消防车"。

(4) 班长命令主操及外操员"执行紧急停车操作":

主操将热物流控制阀 TIC1001 切至手动;

主操将热物流控制阀 TIC1001 关闭;

主操关闭冷物流进料控制阀 FIC1001 停止进料;

外操员关闭热物流进料泵的出口阀 P102AO;

外操员停热物流进料泵 P102A;

外操员关闭热物流出口阀 VI4E101;

外操员关闭冷物流进料泵的出口阀 P101AO;

外操员停冷物流进料泵 P101A;

外操员关闭冷物流出口阀 VI2E101;

外操员关闭冷物流入口阀 VI1E101;

外操操作完毕后向班长报告"现场操作完毕";

主操操作完毕后向班长汇报"室内操作完毕"。

(5) 待所有操作完成后,班长向调度汇报"事故处理完毕"。

(6) 班长用广播宣布"解除事故应急预案"。

3. 换热器热物流出口法兰泄漏有人中毒

作业状态:换热器各工艺指标操作正常。

事故描述:换热器热物流出口法兰泄漏,有人中毒昏倒。

应急处理程序:

注:下列命令和报告除特殊标明外,都是用对讲机来进行传递。

(1) 外操巡检时,看到换热器 E101 热物流出口泄漏并有一职工昏倒在地,马上向班长报告"换热器 E101 热物流出口法兰处泄漏,有一职工昏倒在地"。

(2) 外操从中控室中取出正压式空气呼吸器佩戴好并携带 F 型扳手。

(3) 班长接到外操报警后,立即使用广播启动《车间危险化学品泄漏应急预案》。

(4) 班长命令安全员"请组织人员到门口拉警戒绳"。

(5) 班长用中控室电话向调度室报告"换热器 E101 热物流出口法兰处泄漏,有一职工昏倒在地,已启动应急预案"。

(6) 班长命令外操"立即去事故现场"。

(7) 班长从中控室的工具柜中取出正压式空气呼吸器佩戴好,并携带 F 型扳手到达现场,和外操员对受伤人员进行救护。

(8) 班长给 120 打电话"吸收解吸车间吸收剂泄漏,有人中毒受伤,请派救护车,拨打人张三"。

(9) 班长命令安全员"请组织人员到 1 号门口引导救护车"。

(10)班长通知主操"请监视装置生产状况"。

(11)班长命令主操及外操员"执行紧急停车操作":

主操关闭冷物流进料控制阀 FIC1001 停止进料;

外操员关闭热物流进料泵的出口阀 P102AO;

外操员关闭热物流进料泵 P102A;

外操员关闭热物流出口阀 VI4E101;

外操员全开管程排气阀 VX2E101;

外操员打开管程排凝阀 RPY;

外操员打开 E101 管程导淋阀 VI5E101,检查换热器管程内的液体是否排净;

外操员确认换热器管程内的液体排净后,关闭管程泄液阀 RPY;

外操员关闭冷物流进料泵的出口阀 P101AO;

外操员关闭冷物流进料泵 P101A;

外操员关闭冷物流出口阀 VI2E101;

外操员关闭冷物流入口阀 VI1E101;

外操员全开壳程排气阀 VX1E101;

外操员打开壳程泄液阀 LPY;

外操员打开 E101 壳程导淋阀 VI3E101,检查壳程内的液体是否排净;

外操员确认壳程中的液体排净后,关闭壳程排凝阀 LPY;

外操操作完毕后向班长汇报"现场操作完毕";

主操操作完毕后向班长汇报"室内操作完毕"。

(12)所有操作完成后,班长向调度汇报"事故处理完毕"。

(13)班长用广播宣布"解除事故应急预案"。

任务三　完成加热炉单元操作

扫一扫看视频

加热炉介绍

一、工艺内容简介

1. 工作原理

在工业生产中,能对物料进行热加工,并使其发生物理或化学变化的加热设备称为工业炉或窑。一般把用来完成各种物料的加热、熔炼等加工工艺的加热设备叫做炉。按热源可分为:燃煤炉、燃油炉、燃气炉和油气混合燃烧炉。按炉温可分为:高温炉(>1000℃)、中温炉(650~1000℃)和低温炉(<650℃)。

模块二 装置单元技能操作

工业炉的操作使用包括：烘炉操作、开/停车操作、热工调节和日常维护。其中烘炉的目的是排除炉体及附属设备中砌体的水分，并使砖的转化完全，避免砌体产生开裂和剥落现象，分为三个主要过程：水分排除期、砌体膨胀期和保温期。

本单元选用的是单烧气管式加热炉，这是石油化工生产中常用的设备之一。其主要结构有：辐射室（炉膛）、对流室、燃烧器、通风系统等。

辐射室（炉膛）位于加热炉的下部，是通过火焰或高温烟气进行辐射加热的部分。辐射室是加热炉的主要热交换场所，全炉热负荷的 70%～80% 是由辐射室担负的，它是全炉最重要的部分。

对流室是靠辐射室出来的烟气与炉管进行对流换热的部分，实际上也有一部分辐射热，但主要是对流传热起作用。

通风系统的任务是将燃烧用的空气由风门控制引入燃烧器，并将废烟气经挡板调节引出炉子，可分为自然通风方式和强制通风方式。

2. 流程说明

本流程是将某可燃性工艺物料经加热炉由燃料气加热至 330℃ 到塔 T101 进行分离。

250℃ 工艺物料经调节器 FIC1001 控制流量（270t/h）进入原料罐 D101（原料罐 D101 的压力控制在 1.5MPa），然后经原料泵 P101A/B 分四股由 FIC1002、FIC1003、FIC1004、FIC1005 控制流量进入加热炉 F101；先进入加热炉的对流段加热升温，再进入辐射段，被加热至 330℃ 出加热炉，出口温度由调节器 TIC1002 通过交叉限幅调节燃料气流量和空气流量来控制。

过热蒸汽在现场阀 VI9F101 的控制下，与加热炉的烟气换热至 350℃，回收余热后，回采暖汽系统。

燃料气由燃料气网管来，经压力调节器 PIC1003 进入燃料气分液罐 D103，控制该设备的压力为 0.4MPa（A）。分离液体后的燃料气一路经长明线点火，另一路在长明线点火成功后，通过调节器 FIC1008 控制流量进入加热炉进行燃烧。

炉出口工艺物料进入塔 T101 中进行分离，塔顶气经空冷器 A101 和冷凝器 E101 后进入塔顶回流罐 D102；罐中分离出来的气相经塔顶压力控制阀 PIC1002 出装置，油相经塔顶回流泵 P103A/B 升压后一部分作为塔顶回流，另一部分作为产品采出。塔釜物流经塔底出料泵 P102A/B 升压后作为塔底产品采出。

空气自鼓风机 C101 进入空气预热器 E103 与烟气换热后再进入加热炉 F101 的炉膛作为助燃空气，加热炉的烟气由引风机 C102 抽入空气预热器 E103 与冷空气换热后经烟囱排放。

3. 工艺卡片

加热炉单元工艺参数卡片如表 2-10 所示。

表 2-10 加热炉单元工艺参数卡片

设备名称	项目及位号	正常指标	单位
加热炉	原料进料温度（TIC1001）	250	℃
	原料进料流量（FIC1001）	270±5	t/h
	炉膛负压（PIC1004）	−20～−40	Pa
	排烟温度（TI1020）	160±5	℃
	炉膛温度（TIC1002）	≤850	℃
	原料出口温度（TIC1003）	330±3	℃
	燃料气缓冲罐压力（PIC1001）	0.3±0.05	MPa
	烟气 CO 含量（AICO）	≤120	10^{-6}
	炉膛氧含量（AI1001）	2～4	%
塔	塔釜温度（TI1013）	270±15	℃
	塔顶温度（TIC1001）	75±15	℃
	塔顶回流罐压力（PIC1002）	1.7	MPa

4. 设备列表

加热炉单元设备列表如表 2-11 所示。

表 2-11 加热炉单元设备列表

位号	名称	位号	名称
D101	原料罐	P102A/B	T101 塔底出料泵
D102	T101 塔顶回流罐	P103A/B	T101 塔顶回流泵
D103	燃料气分液罐	F101	加热炉
E101	T101 塔顶冷凝器	T101	精馏塔
E103	空气预热器	C101	加热炉鼓风机
A101	T101 塔顶空冷器	C102	加热炉引风机
P101A/B	原料进料泵		

5. 仪表列表

加热炉单元仪表列表如表 2-12 所示。

表 2-12 加热炉单元仪表列表

点名	单位	正常值	控制范围	描述
AI1001	%	3	2～4	F101 烟气氧含量

续表

点名	单位	正常值	控制范围	描述
FIC1001	t/h	270	265～275	原料油缓冲罐进料
FIC1002	t/h	67.5	65～70	原料油一路进料
FIC1003	t/h	67.5	65～70	原料油二路进料
FIC1004	t/h	67.5	65～70	原料油三路进料
FIC1005	t/h	67.5	65～70	原料油四路进料
FIC1006	t/h	99.4		T101塔顶回流量
FIC1007	t/h	254.5		T101塔釜出料量
FIC1008	m^3/h（标准状况）	2772		燃料气进F101流量
FIC1011	m^3/h（标准状况）	30800		空气进F101流量
FI1010	t/h	75.6		采暖汽流量
LIC1001	%	50	45～55	原料罐液位
LIC1002	%	50	45～55	T101液位
LIC1003	%	50	45～55	D102液位
LIC1004	%	50	45～55	D103液位
PIC1001	MPa（G）	1.5	1.4～1.6	原料罐压力
PIC1002	MPa（G）	1.5	1.45～1.55	D102压力
PIC1003	MPa（G）	0.3	0.25～0.35	燃料气分液罐压力
PIC1004	Pa	-30	-20～-30	炉膛负压
PI1005	MPa（G）	1.55		T101塔顶压力
TIC1001	℃	75	60～90	T101塔顶温度
TIC1002	℃	600	≤850	F101炉膛温度
TIC1003	℃	330	327～333	物料出口温度
TI1004	℃	250		原料自边界来温度
TI1005	℃	250		原料罐温度
TI1006	℃	330	327～333	加热炉一路出口温度
TI1007	℃	330	327～333	加热炉二路出口温度
TI1008	℃	330	327～333	加热炉三路出口温度
TI1009	℃	330	327～333	加热炉四路出口温度
TI1010	℃	600	≤850	F101炉膛温度
TI1011	℃	380	375～385	对流段出口温度

续表

点名	单位	正常值	控制范围	描述
TI1013	℃	270	255～285	T101 塔底温度
TI1015	℃	350		采暖汽出口温度
TI1016	℃	380	375～385	对流段出口温度
TI1017	℃	600	≤850	F101 炉膛温度
TI1018	℃	1300		F101 火焰温度
TI1019	℃	850		F101 炉膛测点温度
TI1020	℃	160	155～165	烟气出口温度

6. 现场阀列表

加热炉单元现场阀列表如表 2-13 所示。

表 2-13 加热炉单元现场阀列表

现场阀位号	描述	现场阀位号	描述
HC1005	烟道挡板	VIEF101	加热炉采暖蒸汽并管网阀
P101AI	原料进料泵入口阀	VIFF101	加热炉采暖蒸汽放空阀
P101AO	原料进料泵出口阀	VI1T101	塔进料根部阀
P102AI	T101 塔底出料泵入口阀	VI2T101	T101 塔底合格产品出料现场阀
P102AO	T101 塔底出料泵出口阀	VI3T101	T101 塔底不合格产品出料现场阀
P103AI	T101 塔顶回流泵入口阀	VX1D101	原料罐排液阀
P103AO	T101 塔顶回流泵出口阀	VX1D102	回流罐 D102 排液阀
VI1F101	加热炉蒸汽吹扫阀	VX1D103	燃料气分液罐泄压阀
VI3F101	燃料气火嘴	VX1E101	塔顶冷凝器 E101 冷却水进水阀
VIAF101	燃料气火嘴	VI1E101	塔顶冷凝器 E101 冷却水回水阀
VIBF101	燃料气火嘴	VX5F101	自然通风风门
VICF101	燃料气火嘴	VX6F101	自然通风风门
VI4F101	长明线火嘴	VX7F101	自然通风风门
VI5F101	长明线火嘴	VX8F101	自然通风风门
VI6F101	长明线火嘴	VX1T101	塔 T101 排液阀
VI7F101	长明线火嘴	VX2T101	塔 T101 放空阀
VI8F101	燃料气长明灯线截止阀	VI1D103	燃料气管线导淋阀
VI9F101	加热炉 F101 蒸汽入口阀		

7. 加热炉仿真 PID 图

加热炉仿真 PID 图如图 2-25～图 2-28 所示。

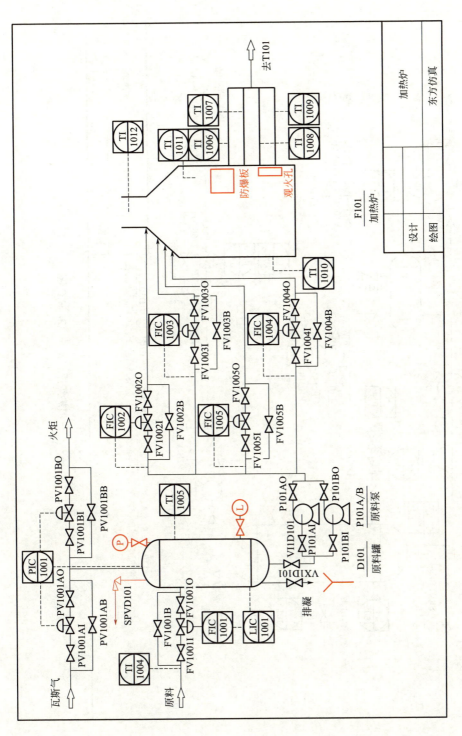

图 2-25 加热炉原料系统（1）PID 图

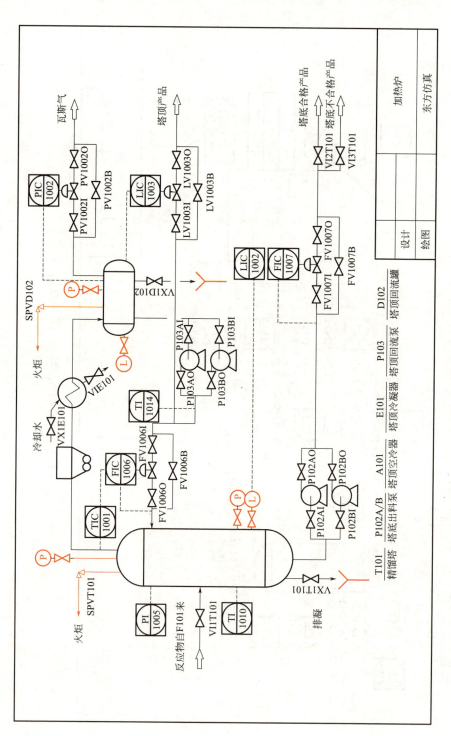

图 2-26 加热炉原料系统（2）PID 图

模块二 装置单元技能操作

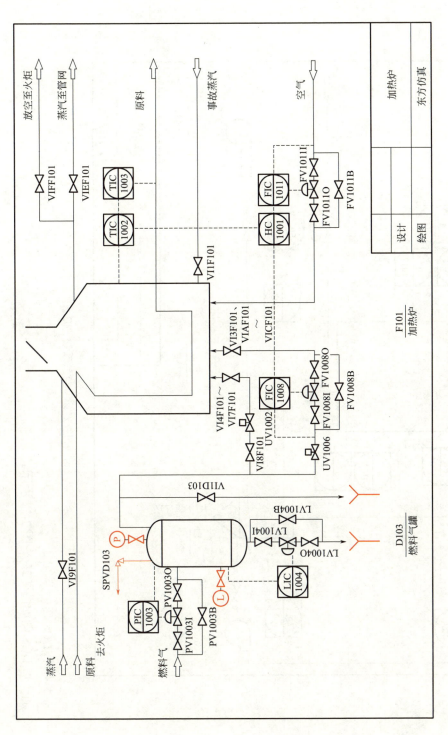

图 2-27 燃料系统 PID 图

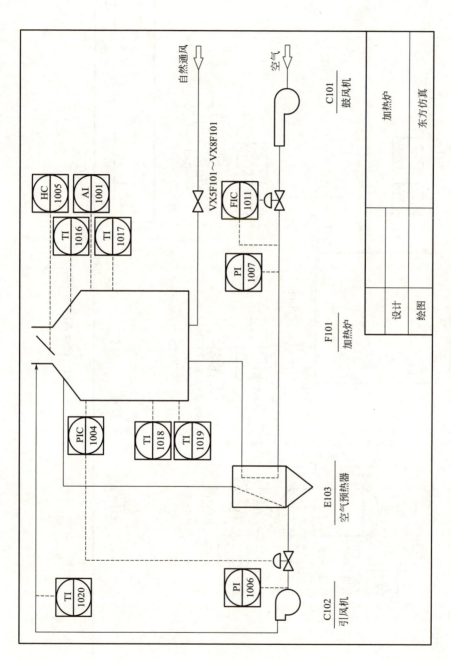

图 2-28 空气系统 PID 图

8. 加热炉 DCS 图

加热炉 DCS 图如图 2-29～图 2-32 所示。

模块二 装置单元技能操作

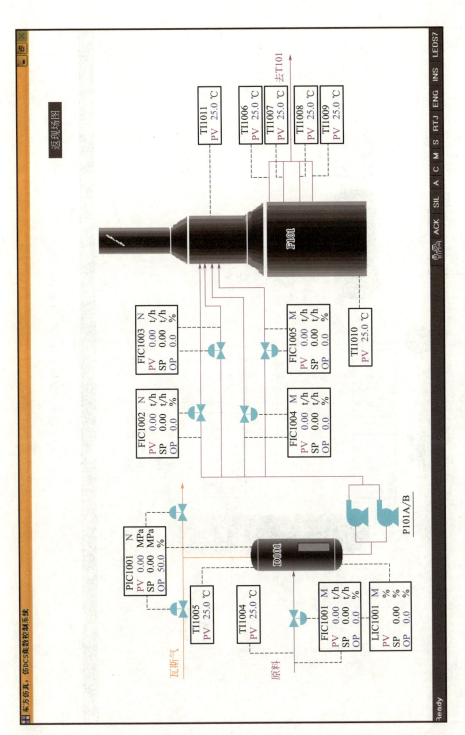

图2-29 加热炉原料系统（1）DCS 图

043

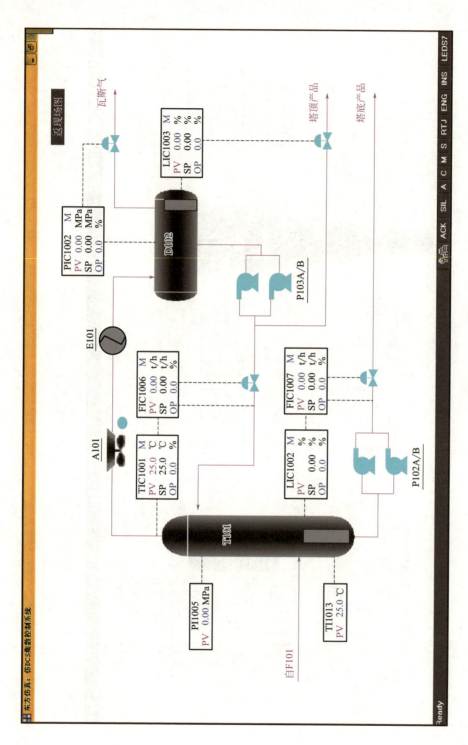

图 2-30 加热炉原料系统 (2) DCS 图

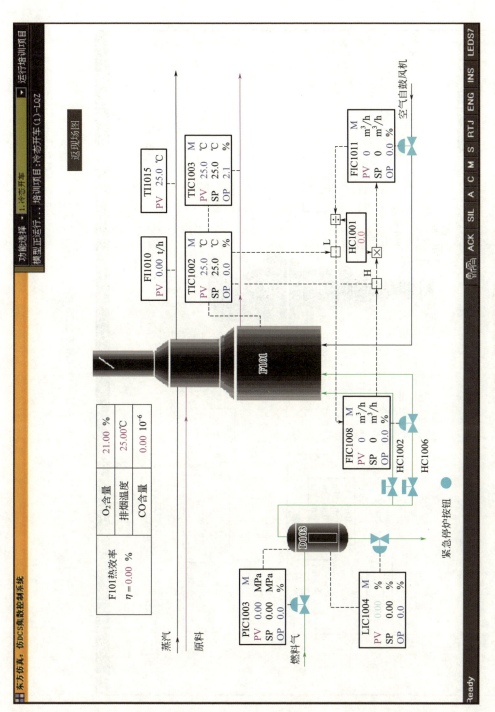

图 2-31 燃料系统 DCS 图

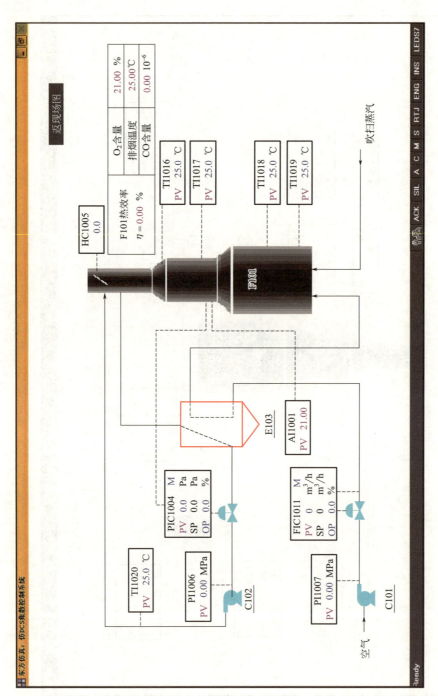

图 2-32 空气系统 DCS 图

二、作业现场安全隐患排除——仿真与实物

1. 原料中断

事故原因：边界原料中断。

事故现象：

（1）原料流量 FIC1001 降低；

（2）原料温度 TI1004 降低；

（3）原料罐液位降低。

处理原则：按紧急停主瓦斯按钮。

具体步骤：

（1）按紧急停主瓦斯按钮 HC1006，关闭 UV1006。

（2）关闭燃料气主瓦斯控制阀 FIC1008。

（3）关闭燃料气主火嘴进炉根部阀 VI3F101、VIAF101、VIBF101、VICF101。

（4）关闭原料油缓冲罐进料阀 FIC1001 及下游阀 FIC1001O。

（5）停原料泵 P101A。

（6）停塔釜出料泵 P102A。

（7）打开蒸汽放空阀 VIFF101。

（8）关闭蒸汽并网阀 VIEF101。

扫一扫看视频

加热炉作业现场安全隐患排除

2. 燃料中断

事故原因：边界燃料气中断。

事故现象：

（1）燃料气缓冲罐压力降低；

（2）燃料气缓冲罐流量降低；

（3）炉膛温度降低；

（4）炉管出口温度降低；

（5）分离系统温度、压力下降。

处理原则：按紧急停长明灯线按钮、紧急停主瓦斯按钮。

具体步骤：

（1）按紧急停长明灯线按钮 HC1002，关闭快关阀 UV1002。

（2）按紧急停主瓦斯按钮 HC1006，关闭 UV1006。

（3）关闭燃料气控制阀 FIC1008。

（4）关闭燃料气进炉根部阀 VI3F101、VIAF101、VIBF101、VICF101。

（5）关闭长明灯线截止阀 VI8F101。

（6）关闭长明灯线根部阀 VI5F101、VI6F101、VI7F101、VI4F101。

（7）停原料泵 P101A。

（8）关闭原料进原料缓冲罐阀门 FIC1001。

（9）停塔釜出料泵 P102A。
（10）打开事故蒸汽吹扫阀 VI1F101。
（11）打开蒸汽放空阀 VIFF101。
（12）关闭蒸汽并网阀 VIEF101。
（13）停塔釜出料泵 P102。

3. 鼓风机故障停机

事故原因：鼓风机故障。

事故现象：

（1）鼓风机停；
（2）空气流量 FIC1011 降低；
（3）炉氧含量下降；
（4）炉膛负压降低；
（5）炉出口温度下降；
（6）分离系统温度、压力下降。

处理原则：对事故泵进行排气处理。

具体步骤：

（1）打开自然通风风门 VX5F101、VX6F101、VX7F101、VX8F101。
（2）停引风机 C102。
（3）打开烟道挡板 HC1005。

三、作业现场应急处置——仿真

1. 原料泵出口法兰泄漏着火

作业状态：加热炉 F101 和分离塔 T101 处于正常生产状况，各工艺指标操作正常。

事故描述：工艺区现场，P101A 出口法兰处泄漏着火。

应急处理程序：

注：下列命令和报告除特殊标明外，都是用对讲机来进行传递。

加热炉作业现场
应急处置

（1）外操员正在巡回检查，走到泵 P101A 附近看到出口法兰处泄漏着火，且火势较大。外操员立即用步话机向班长汇报"泵 P101A 出口法兰处泄漏着火，且火势较大"，然后快速取灭火器站在上风口对准着火点进行喷射灭火。

（2）如及时准确地进行灭火，可能将火灭掉（即在着火后 2min 之内开始正确连续喷射 20s，火焰可能会熄灭；否则，火焰不会熄灭）。如火焰熄灭，外操员汇报班长"火已扑灭"。如没熄灭，外操员则汇报班长"尝试灭火，但火没有灭掉"，然后返回中控室取出空气呼吸器佩戴好，并携带 F 型扳手迅速去事故现场。

（3）班长接到外操员的报警后，立即使用广播启动《车间泄漏着火应急预案》；

然后命令安全员"请组织人员到 1 号门口拉警戒绳";接着用中控室岗位电话向调度室报告(电话号码:12345678;电话内容:"泵 P101A 出口法兰处泄漏着火,已启动应急预案")。

(4) 安全员收到班长的命令后,从中控室的工具柜中取出空气呼吸器佩戴好,携带警戒绳,去 1 号大门口。到达后立即拉警戒绳(自动完成)。

(5) 班长从中控室的工具柜中取出空气呼吸器佩戴好,并携带 F 型扳手迅速去事故现场。

>> 如果火熄灭:

(1) 班长带领外操员到达现场,发现火焰已经熄灭,现场有泄漏现象。班长通知主操"请监视装置生产状况",并命令外操员"切换原料进料泵 P101A 的备用泵"。

(2) 外操员听到命令后启动原料进料泵 P101A 的备用泵,停原料进料泵 P101A 出口法兰泄漏事故泵并关闭该泵进出口阀。

(3) 班长通知调度"请维修人员进场维修"。

(4) 待所有操作完成后,班长向调度汇报"事故处理完毕"。

(5) 班长用广播宣布"解除事故应急预案"。

>> 如果火熄灭结束。

>> 如果火无法熄灭(需要紧急停车):

(1) 班长命令主操"请拨打电话 119,报火警"(如班长自己拨打 119 可不发此命令。电话内容:"泵 P101A 出口法兰泄漏着火,火势无法控制,请派消防车,报警人张三")。

(2) 主操接到班长的命令后,打 119 报火警。

(3) 班长命令安全员"请组织人员到 1 号门口引导消防车"。

(4) 班长命令主操及外操员"执行紧急停车操作"。

(5) 主操接到班长命令后执行相应操作:

按紧急停主瓦斯按钮 HC1006(关闭 UV1006);

按紧急停长明灯按钮 HC1002(关闭 UV1002);

关闭原料进料控制阀 FIC1001;

关闭燃料气进料控制阀 PIC1003。

(6) 外操接到班长的命令后执行相应操作:

停原料泵 P101A;

关闭原料罐 D101 出口根部阀 VI1D101;

关闭四路炉管进料控制阀 FIC1002～FIC1005 的前阀;

停塔釜采出泵 P102A;

关闭燃料气进加热炉根部阀 VI3F101、VIAF101、VIBF101、VICF101;

关闭长明线进加热炉阀 VI4F101、VI5F101、VI6F101、VI7F101;

打开 VI1F101 用蒸汽吹扫炉膛;

关闭燃料气进料阀 PV1003 前后阀。

（7）安全员接到班长的命令后，打开消防通道，引导消防车进入事故现场（自动完成）。

（8）主操操作完毕后向班长报告"室内操作完毕"。

（9）外操员操作完毕后向班长报告"现场操作完毕"。

（10）班长接到外操员和主操的汇报后，待火熄灭，经检查无误，向调度汇报"事故处理完毕"。

（11）班长用广播宣布"解除事故应急预案"，车间紧急停车应急预案结束。

>> 如果火无法熄灭结束。

2. 加热炉炉管破裂

作业状态：加热炉 F101 和分离塔 T101 处于正常生产状况，各工艺指标操作正常。

事故描述：炉膛温度（TI1018、TI1019）急剧上升，加热炉出口温度（TIC1002）升高，炉膛氧含量（AI1001）下降，现场可看到炉烟筒冒黑烟。

应急处理程序：

注：下列命令和报告除特殊标明外，都是用对讲机来进行传递。

（1）主操正在监视 DCS 操作画面，发现炉膛温度（TI1018、TI1019）急剧上升，加热炉出口温度（TIC1002）升高，炉膛氧含量（AI1001）下降；检查燃料气系统压力正常，FIC1008 在出口温度 TIC1002 串级控制下正逐步关小，马上向班长汇报"加热炉出现问题，可能是炉管破裂"。

（2）班长接到主操的报警后，立即使用广播启动《车间紧急停车应急预案》；接着用中控室岗位电话向调度室报告［电话号码：12345678；电话内容："炉膛温度（TI1018、TI1019）急剧上升，加热炉出口温度（TIC1002）升高，炉膛氧含量（AI1001）下降，检查燃料气系统压力正常，FIC1008 在出口温度 TIC1002 串级控制下正逐步关小，发生加热炉炉管破裂事故，已启动紧急停车应急预案"］。

（3）班长命令外操员"立即去事故现场"。外操员、班长分别从中控室的工具柜中取出 F 型扳手，迅速去事故现场。

（4）班长命令主操及外操员"执行紧急停车操作"。

（5）主操接到班长的命令后执行相应操作：

按紧急停主瓦斯按钮 HC1006（关闭 UV1006）；

按紧急停长明灯按钮（关闭 UV1002）；

关闭四路炉管进料控制阀 FIC1002、FIC1003、FIC1004、FIC1005；

关闭原料进料控制阀 FIC1001；

打开烟道挡板 HC1005；

关闭燃料气进料控制阀 PIC1003。

（6）外操接到班长的命令后执行相应操作：

关闭长明线截止阀 VI8F101；

关闭主燃料气流量控制阀 FV1008 后阀；
打开炉膛蒸汽吹扫阀 VI1F101；
停原料泵 P101；
关闭塔进料截止阀 VI1T101；
打开蒸汽放空阀 VIFF101；
关闭蒸汽并网阀 VIEF101；
关闭四路炉管进料控制阀 FIC1002 的后阀；
关闭四路炉管进料控制阀 FIC1003 的后阀；
关闭四路炉管进料控制阀 FIC1004 的后阀；
关闭四路炉管进料控制阀 FIC1005 的后阀。

(7) 主操操作完毕后向班长报告"室内操作完毕"。

(8) 外操员操作完毕后向班长报告"现场操作完毕"。

(9) 班长接到外操员和主操的汇报后，经检查无误，向调度汇报"事故处理完毕"。

(10) 班长用广播宣布"解除事故应急预案"，车间紧急停车应急预案结束。

3. 燃料气分液罐安全阀法兰泄漏着火

作业状态：加热炉 F101 和分离塔 T101 处于正常生产状况，各工艺指标操作正常。

事故描述：工艺区现场，燃料气罐顶安全阀法兰处泄漏着火。

应急处理程序：

注：下列命令和报告除特殊标明外，都是用对讲机来进行传递。

(1) 现场操作工正在巡回检查，走到燃料气罐 D103 附近，发现罐顶安全阀法兰处泄漏着火，且火势较大，马上用对讲机向班长汇报"燃料气罐 D103 顶部安全阀出口法兰处泄漏着火，且火势较大"。

(2) 班长接到外操员的报警后，立即使用广播启动《车间泄漏着火应急预案》；然后命令安全员"请组织人员到 1 号门口拉警戒绳"；接着用中控室岗位电话向调度室报告发生泄漏（电话号码：12345678；电话内容："燃料气罐 D103 顶部安全阀出口法兰处泄漏着火，已启动应急预案"）。

(3) 安全员收到班长的命令后，从中控室的工具柜中取出空气呼吸器佩戴好，携带警戒绳，去 1 号大门口。到达后立即拉警戒绳（自动完成）。

(4) 班长从中控室的工具柜中取出空气呼吸器佩戴好，并携带 F 型扳手迅速去事故现场。

(5) 班长命令外操员"启动消防炮控制燃料气罐的温度"（如班长自己操作可不发此命令）。

(6) 班长命令主操"请拨打电话 119，报火警"（如班长自己拨打 119 可不发此命令。电话内容："燃料气罐 D103 顶部安全阀出口法兰处泄漏着火，火势无法控制，请派消防车，报警人张三"）。

(7) 主操接到班长的命令后，打 119 报火警。

(8) 班长命令安全员"请组织人员到 1 号门口引导消防车"。

(9) 班长命令主操及外操员"执行紧急停车操作"。

(10) 主操接到班长的命令后执行相应操作：

关闭燃料气进料控制阀 PIC1003；

待燃料气罐 D103 的压力低于 0.05MPa 后，依次按紧急停炉按钮 HC1006（关闭 UV1006）、紧急停长明灯按钮 HC1002（关闭 UV1002）；

关闭原料进料控制阀 FIC1001。

(11) 外操接到班长的命令后执行相应操作：

关闭燃料气进料阀 PV1003 的前阀；

停原料泵 P101A；

停塔釜采出泵 P102A；

打开 VI1F101 用蒸汽吹扫炉膛；

打开采暖蒸汽放空阀 VIFF101；

关闭采暖蒸汽并网阀 VIEF101。

(12) 安全员接到班长的命令后，打开消防通道，引导消防车进入事故现场（自动完成）。

(13) 主操操作完毕后向班长报告"室内操作完毕"。

(14) 外操员操作完毕后向班长报告"现场操作完毕"。

(15) 班长接到外操员和主操的汇报后，待火熄灭，经检查无误，向调度汇报"事故处理完毕"。

(16) 班长用广播宣布"解除事故应急预案"，车间紧急停车应急预案结束。

任务四　完成分馏塔单元操作

一、工艺内容简介

1. 工作原理

分馏是化工生产中分离互溶液体混合物的典型单元操作，其实质是多级蒸馏。它是通过加热气液两相物系，利用物系中各组分挥发度不同的特性来实现分离的目的。

一定温度和压力的料液进入分馏塔后，轻组分在精馏段逐渐浓缩，离开塔顶后全部冷凝进入回流罐，然后一部分作为塔顶产品（也叫馏出液），另一部分被送入塔内作为回流液。回流

分馏塔介绍

液的作用是补充塔板上的轻组分，使塔板上的液体组成保持稳定，保证分馏操作连续稳定地进行。而重组分在提馏段浓缩后作为塔釜产品（也叫残液）送出装置。

在分馏塔的下段有中压蒸汽为分馏操作提供一定量连续上升的蒸汽气流。

2. 流程说明

从原料油缓冲罐 V201 出来的原料油经过加热炉 F201 加热后进入分馏塔 C202 进行分馏操作。

塔顶蒸气经塔顶水冷器 E228、空冷器 E213 冷凝为液体以后进入回流罐 V202，回流罐 V202 的液体由泵 P208 抽出，一部分作为回流液由调节器 FIC2056 控制流量送回分馏塔塔顶；另一部分则作为产品，其流量由调节器 FIC2033 控制。回流罐的液位由调节器 LIC2016 和 FIC2033 构成的串级控制回路控制。

在分馏塔的中段，轻柴油和重柴油形成循环。轻柴油从塔侧采出，一部分经过换热（E201、E203）之后返回分馏塔，另一部分送入轻柴油汽提塔 C203；汽提塔塔顶气返回分馏塔 16# 塔板，塔底液由 P206 抽出，一部分回流送回汽提塔，另一部分作为轻柴油产品送出装置。重柴油从塔侧采出后和汽提塔塔底再沸器 E208 换热，一部分返回分馏塔，另一部分作为重柴油产品送出装置。

在分馏塔的下段有中压蒸汽通入，其流量由调节器 FIC2019 控制。

分馏塔塔釜液体由调节器 FIC2021 控制流量作为产品送出装置。调节器 LIC1001 和 FIC1002 构成串级控制回路，调节分馏塔的液位。

3. 工艺卡片

分馏塔单元工艺参数卡片如表 2-14 所示。

表 2-14 分馏塔单元工艺参数卡片

物流	项目及位号	正常指标	单位
原料进装置	温度（TIC2001）	149	℃
加热炉	流量（FIC2014A）	52.51	t/h
	炉出口温度（TIC2015）	371	℃
	炉膛负压（PIC2031B）	-0.02	kPa
C202 塔釜出装置	流量（FIC1002）	107.08	t/h
	温度（TI2002）	333	℃
C202 塔顶出装置	温度（TIC2019）	144	℃
	压力（PI2007）	0.034	MPa

4. 设备列表

分馏塔单元设备列表如表 2-15 所示。

表 2-15 分馏塔单元设备列表

位号	名称	位号	名称
C202	分馏塔	E226	轻柴油出装置换热器
C203	分馏塔汽提塔	E228	分馏塔顶换热器
E201	进料换热器	F201	加热炉
E202	原料油换热器	P201	原料贮罐底泵
E203	轻柴油循环空冷器	P203	分馏塔底泵
E207	分馏塔底产品出装置空冷器	P204	重柴油循环泵
E208	轻柴油汽提塔底再沸器	P205	轻柴油循环泵
E209	轻柴油出装置空冷器	P206	轻柴油出装置泵
E211	重柴产品出装置空冷器	P208	分馏塔顶泵
E213	分馏塔顶空冷器	V201	原料油缓冲罐
E215	重石产品出装置换热器	V202	分离罐
E223	重柴油循环空冷器		

5.仪表列表

分馏塔单元 DCS 仪表列表如表 2-16 所示。

表 2-16 分馏塔单元 DCS 仪表列表

点名	单位	正常值	控制范围	描述
AI2002	%	4	2～7	加热炉氧含量
FIC2001	t/h	210		原料贮罐底泵出口流量控制
FIC2014A	t/h	52.51	50.5～54.5	原料油进加热炉一路流量控制
FIC2014B	t/h	52.51	50.5～54.5	原料油进加热炉二路流量控制
FIC2014C	t/h	52.51	50.5～54.5	原料油进加热炉三路流量控制
FIC2014D	t/h	52.51	50.5～54.5	原料油进加热炉四路流量控制
FIC2019	t/h	2.47		中压蒸汽流量控制
FIC2021	t/h	71.39		分馏塔底轻柴油出装置流量控制
FIC2025	t/h	40.65		重柴油循环流量控制
FIC2026	t/h	38.62		重柴产品出装置流量控制
FIC2027	t/h	144.21		轻柴油循环流量控制
FIC2029	t/h	124.52		汽提塔底轻柴油流量控制
FIC2030	t/h	84.51		轻柴油出装置流量控制
FIC2033	t/h	15.06		重石产品出装置流量控制
FIC2047	t/h	2.26		燃料气流量控制
FIC2048	m^3/h	40000		空气流量控制
FIC2049	t/h	107.08		分馏塔底轻柴油返回分馏塔流量控制
FIC2056	t/h	95.06		分馏塔顶循环油流量控制
LIC2001	%	50	40～60	原料油缓冲罐液位控制

续表

点名	单位	正常值	控制范围	描述
LIC2011	%	50	40～60	分馏塔液位控制
LIC2013	%	50	40～60	汽提塔液位控制
LIC2015	%	50		分离罐水包液位控制
LIC2016	%	50	40～60	分离罐液位控制
LI2024	%	50		轻柴油集油箱液位
LI2025	%	50		重柴油集油箱液位
PIC2001	MPa	0.35	0.3～0.4	原料油缓冲罐压力控制
PIC2031B	kPa	−0.02	−0.04～0	加热炉负压控制
PIC2023	MPa	0.034	0.03～0.038	分离罐压力控制
PI2007	MPa	0.034		分馏塔顶压力
PI2012	MPa	0.034		分馏塔顶压力
PI2013	MPa	0.040		分馏塔釜压力
PI2014	MPa	0.038		分馏塔中段压力
PDI2013	MPa	0.002		分馏塔中下段压力差
PDI2015	MPa	0.004		分馏塔上中段压力差
TIC2001	℃	149	144～154	原料油进缓冲罐温度控制
TIC2015	℃	371	366～376	加热炉出口温度控制
TIC2019	℃	144	139～149	分馏塔顶温度控制
TIC2031	℃	194		汽提塔再沸器轻柴油温度控制
TI2021	℃	306		重柴油自分馏塔采出温度
TI2022	℃	333	323～343	分馏塔釜温度
TI2030	℃	241		出汽提塔顶气体温度
TI2032	℃	241		出汽提塔底液体温度
TI2035	℃	54		分馏塔顶回流罐入口温度
TI2038	℃	100		重柴油返塔温度
TI2051	℃	450		加热炉出口烟气温度

6. 现场阀列表

分馏塔单元现场阀列表如表 2-17 所示。

表 2-17 分馏塔单元现场阀列表

现场阀门位号	描述
P201AI	原料贮罐底泵前阀
P201AO	原料贮罐底泵后阀
P203AI	分馏塔底泵前阀
P203AO	分馏塔底泵后阀
P204AI	重柴油循环泵前阀
P204AO	重柴油循环泵后阀

续表

现场阀门位号	描述
P205AI	轻柴油循环泵前阀
P205AO	轻柴油循环泵后阀
P206AI	轻柴油出装置泵前阀
P206AO	轻柴油出装置泵后阀
P208AI	分馏塔顶泵前阀
P208AO	分馏塔顶泵后阀
PCV2036	长明灯进口阀门
SPVC202	分馏塔的安全阀
SPVC202I	分馏塔安全阀的前阀
SPVC202O	分馏塔安全阀的后阀
SPVC202B	分馏塔安全阀的旁路阀
SPVV201	原料油缓冲罐的安全阀
SPVV201I	原料油缓冲罐安全阀的前阀
SPVV201O	原料油缓冲罐安全阀的后阀
SPVV201B	原料油缓冲罐安全阀的旁路阀
SPVV202	分离罐的安全阀
SPVV202I	分离罐安全阀的前阀
SPVV202O	分离罐安全阀的后阀
SPVV202B	分离罐安全阀的旁路阀
UV2001	加热炉长明灯燃料气的电磁阀
UV2002	加热炉火嘴燃料气的电磁阀
VI1C202	分馏塔底产品出装置阀
VI2C202	分馏塔底不合格产品去罐区阀
VI3C202	分馏塔底产品循环阀
VI4C202	分馏塔至塔底泵的总阀
VI1C203	轻柴油产品出装置阀
VI2C203	轻柴油不合格产品出装置阀
VI1E211	重柴产品出装置阀
VI2E211	重柴不合格产品出装置阀
VI1F201	火嘴的根部阀
VI2F201	长明灯的根部阀
VI1V202	重石产品出装置阀
VI2V202	重石不合格产品出装置阀
VX1E215	冷却水进重石产品出装置换热器入口阀门
VX1E226	冷却水进轻柴油出装置换热器入口阀门
VX1E228	冷却水进分馏塔顶换热器入口阀门
VXV201	原料油缓冲罐的排凝阀
VXC202	分馏塔的排凝阀
VXC203	汽提塔的排凝阀
ZQCS	管线吹扫阀门

7. 分馏塔仿真 PID 图

分馏塔仿真 PID 图如图 2-33～图 2-37 所示。

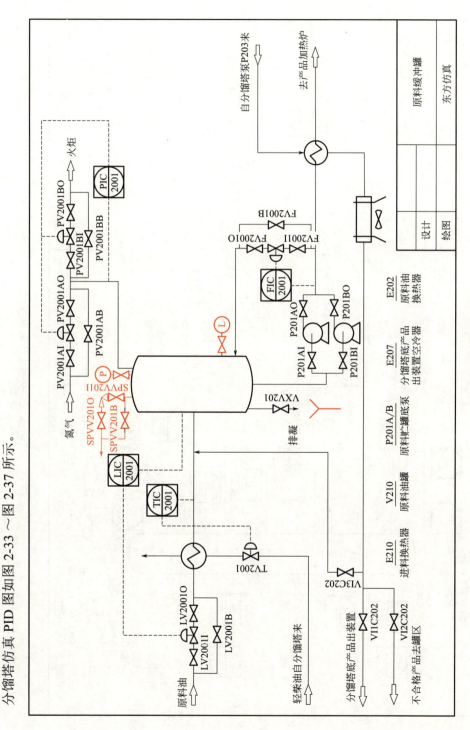

图 2-33 原料缓冲罐仿真 PID 图

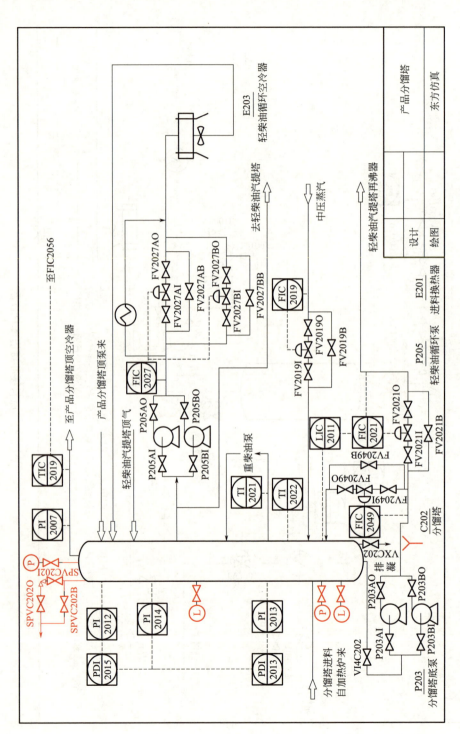

图 2-34 分馏塔仿真 PID 图

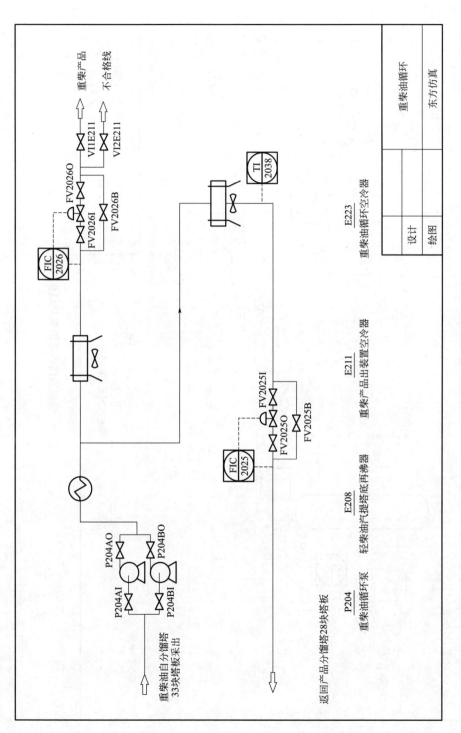

图 2-35 重柴油循环仿真 PID 图

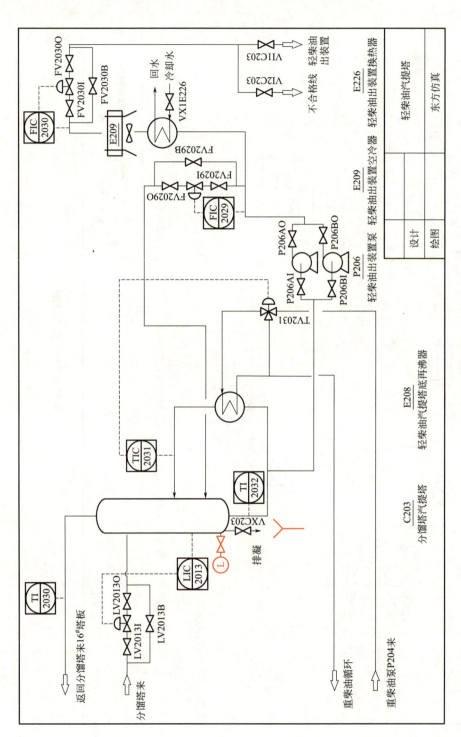

图 2-36 轻柴油汽提塔仿真 PID 图

模块二 装置单元技能操作

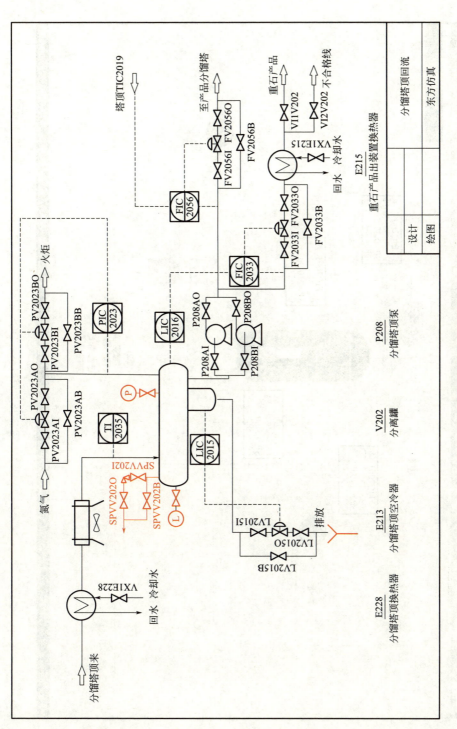

图 2-37 分馏塔顶回流仿真 PID 图

8. 分馏塔 DCS 图

分馏塔 DCS 图如图 2-38～图 2-43 所示。

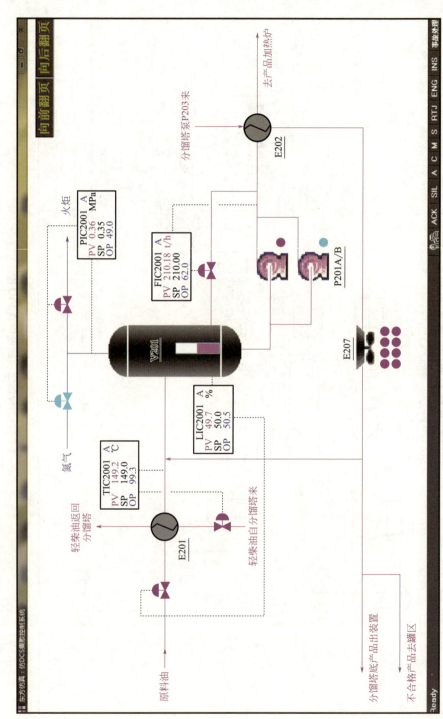

图 2-38 原料系统 DCS 图

模块二　装置单元技能操作

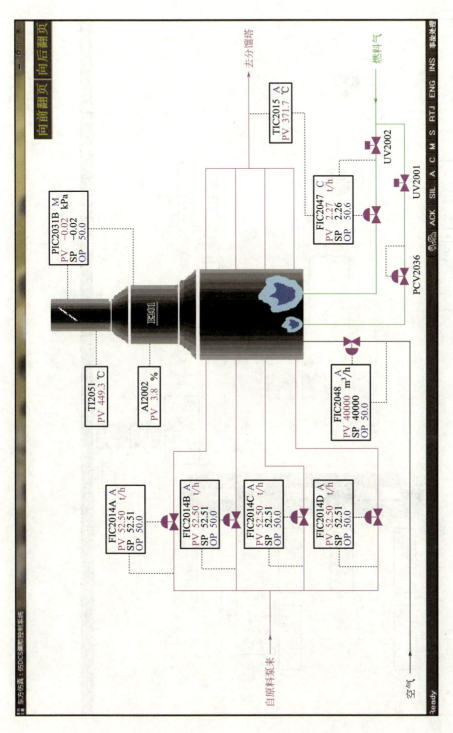

图 2-39　加热炉 DCS 图

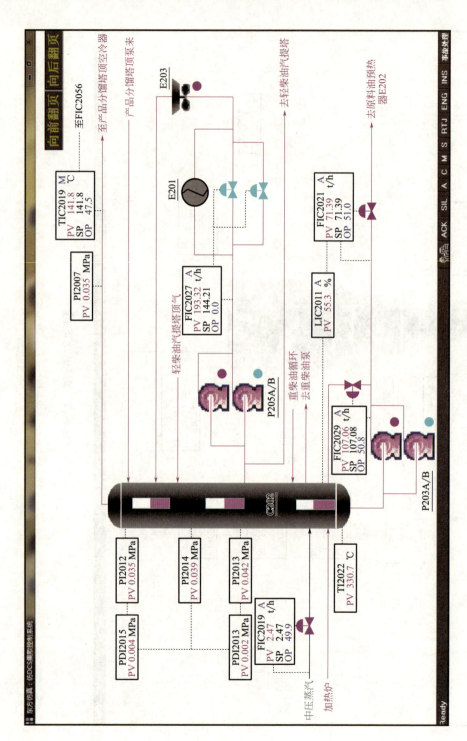

图 2-40 分馏塔 DCS 图

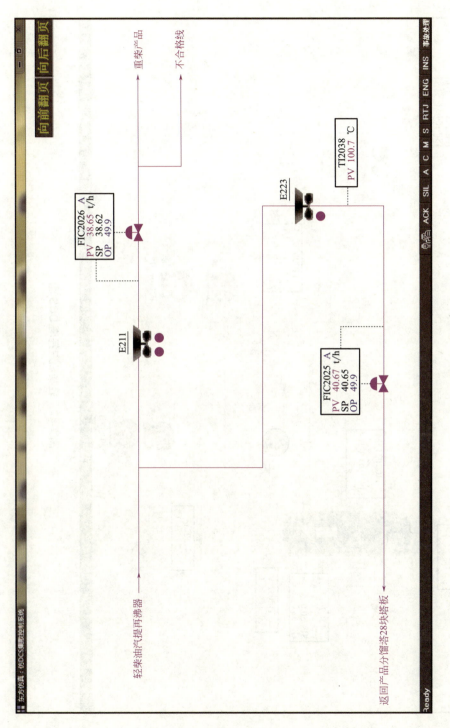

图 2-41 重柴油循环 DCS 图

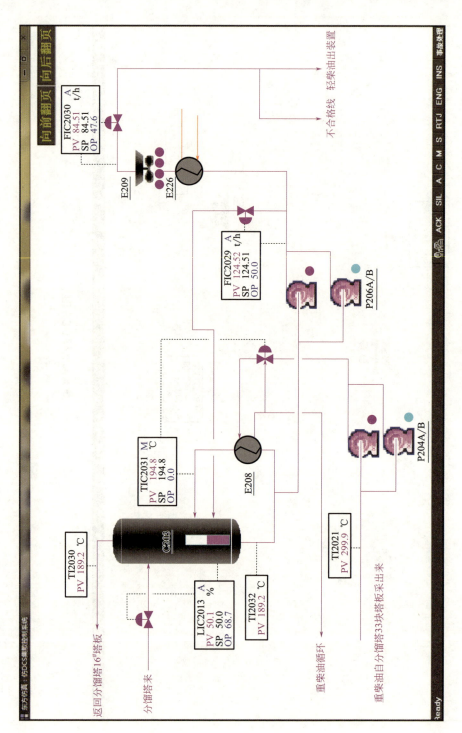

图 2-42 轻柴油汽提塔 DCS 图

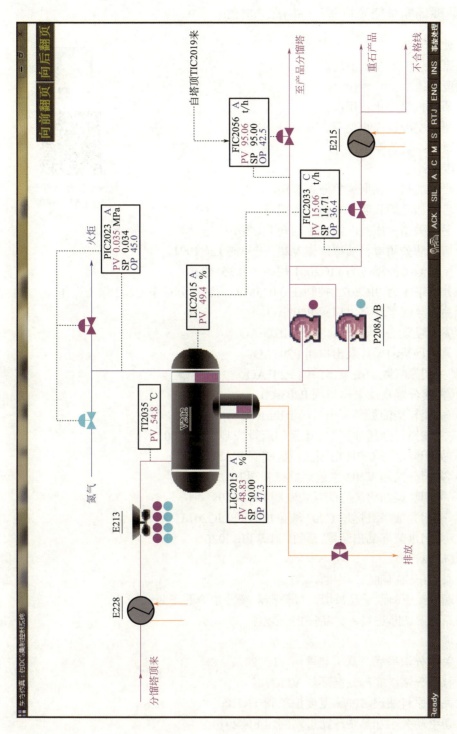

图 2-43 分馏塔顶回流 DCS 图

二、作业现场安全隐患排除——仿真与实物

1. 长时间停电

事故原因：电厂发生事故。

事故现象：

(1) 所有机泵停止使用；

(2) 所有空冷器停止使用。

处理原则：紧急停车。

具体步骤：

分馏塔作业现场安全隐患排除

(1) 启动加热炉瓦斯紧急停止按钮。

(2) 启动加热炉长明灯紧急停止按钮。

(3) 手动关闭中压蒸汽流量控制阀 FIC2019。

(4) 切手动关闭原料油缓冲罐 V201 进料阀 LIC2001。

(5) 原料油缓冲罐压力 PIC2001 控制在 0.35MPa。

(6) 分离罐压力 PIC2023 控制在 0.025MPa，进行分馏塔 C202 保压操作。

(7) 关闭分馏塔顶泵出口阀 P208AO。

(8) 关闭轻柴油出装置泵出口阀 P206AO。

(9) 关闭重柴油循环泵出口阀 P204AO。

(10) 关闭原料贮罐底泵出口阀 P201AO。

(11) 关闭分馏塔底泵出口阀 P203AO。

(12) 关闭轻柴油循环泵出口阀 P205AO。

(13) 关闭原料油缓冲罐 V201 返回流量控制阀 FV2001。

(14) 关闭分馏塔 C202 塔顶回流控制阀 FV2056。

(15) 关闭分馏塔 V202 水包液位控制阀 LIC2015。

(16) 关闭轻柴油出装置流量控制阀 FIC2030。

(17) 关闭分馏塔汽提塔 C203 液位控制阀 LIC2013。

(18) 关闭重柴产品出装置流量控制阀 FIC2026。

2. 原料中断

事故原因：原料油供应中断。

事故现象：原料油进缓冲罐温度升高，缓冲罐液面下降。

处理原则：切断进料，产品停止出装置。

具体步骤：

(1) 关闭分馏塔底产品出装置阀 VI1C202。

(2) 打开分馏塔底产品循环阀 VI3C202。

(3) 关闭原料油进缓冲罐温度控制阀 TIC2001。

(4) 切手动关小加热炉一路进料阀门 FIC2014A。

(5) 切手动关小加热炉二路进料阀门 FIC2014B。
(6) 切手动关小加热炉三路进料阀门 FIC2014C。
(7) 切手动关小加热炉四路进料阀门 FIC2014D。
(8) 手动关闭中压蒸汽流量控制阀 FIC2019。
(9) 切手动关闭原料油缓冲罐 V201 进料阀 LIC2001。
(10) 关闭轻柴油出装置流量控制阀 FIC2030。
(11) 关闭重柴产品出装置流量控制阀 FIC2026。
(12) 关闭重石产品出装置流量控制阀 FIC2033。
(13) 减小燃料气流量控制阀 FIC2047 的进量，加热炉降温。
(14) 关闭汽提塔液位控制阀 LIC2013。
(15) 原料油缓冲罐压力 PIC2001 控制在 0.35MPa。
(16) 分离罐压力 PIC2023 控制在 0.025MPa，进行分馏塔 C202 保压操作。
(17) 关闭分馏塔顶泵出口阀 P208AO。
(18) 关闭分馏塔顶泵 P208A。
(19) 关闭轻柴油出装置泵出口阀 P206AO。
(20) 关闭轻柴油出装置泵 P206A。
(21) 关闭重柴油循环泵出口阀 P204AO。
(22) 关闭重柴油循环泵 P204A。
(23) 关闭轻柴油循环泵出口阀 P205AO。
(24) 关闭轻柴油循环泵 P205A。
(25) 手动关闭 V202 水包液位控制阀 LIC2015。
(26) 开大分馏塔底产品至 E202 流量控制阀 FIC2021。

3. 燃料气中断

事故原因：燃料气供应中断。
事故现象：炉子熄灭。
处理原则：按紧急停瓦斯按钮、紧急停长明灯按钮，产品停止出装置。
具体步骤：
(1) 按手动紧急停瓦斯按钮。
(2) 按手动紧急停长明灯按钮。
(3) 关闭分馏塔底产品出装置阀 VI1C202。
(4) 打开分馏塔底产品循环阀 VI3C202。
(5) 手动关闭中压蒸汽流量控制阀 FIC2019。
(6) 切手动关闭原料油缓冲罐 V201 进料阀 LIC2001。
(7) 手动关闭燃料气流量控制阀 FIC2047。
(8) 切手动关小加热炉一路进料阀门 FIC2014A。
(9) 切手动关小加热炉二路进料阀门 FIC2014B。

(10) 切手动关小加热炉三路进料阀门 FIC2014C。
(11) 切手动关小加热炉四路进料阀门 FIC2014D。
(12) 关闭轻柴油出装置流量控制阀 FIC2030。
(13) 关闭重柴产品出装置流量控制阀 FIC2026。
(14) 关闭重石产品出装置流量控制阀 FIC2033。
(15) 关闭汽提塔液位控制阀 LIC2013。
(16) 关闭原料油进缓冲罐温度控制阀 TIC2001。
(17) 原料油缓冲罐压力 PIC2001 控制在 0.35MPa。
(18) 分离罐压力 PIC2023 控制在 0.025MPa，进行分馏塔 C202 保压操作。
(19) 关闭分馏塔底泵最小流量控制阀 FIC2049。
(20) 关闭分馏塔顶泵出口阀 P208AO。
(21) 关闭分馏塔顶泵 P208A。
(22) 关闭轻柴油出装置泵出口阀 P206AO。
(23) 关闭轻柴油出装置泵 P206A。
(24) 关闭重柴油循环泵出口阀 P204AO。
(25) 关闭重柴油循环泵 P204A。
(26) 关闭轻柴油循环泵出口阀 P205AO。
(27) 关闭轻柴油循环泵 P205A。
(28) 开大分馏塔底产品至 E202 流量控制阀 FIC2021。

三、作业现场应急处置——仿真

扫一扫看视频
分馏塔作业现场应急处置

1. 加热炉出口法兰泄漏着火

作业状态：加热炉 F201，分馏塔 C202、C203 处于正常生产状况，各工艺指标操作正常。

事故描述：加热炉出口法兰泄漏着火。

应急处理程序：

注：下列命令和报告除特殊标明外，都是用对讲机来进行传递。

(1) 外操员正在巡回检查，走到加热炉 F201 附近看到加热炉出口法兰处泄漏着火，且火势较大。外操员立即向班长汇报"加热炉 F201 出口法兰处泄漏着火"。

(2) 班长接到外操员的报警后，立即使用广播启动《加热炉出口法兰泄漏着火应急预案》；然后命令安全员"请组织人员到 1 号门口拉警戒绳"；接着用中控室岗位电话向调度室报告发生泄漏（电话号码：12345678；电话内容："加热炉 F201 出口法兰处泄漏着火，已启动应急预案"）。

(3) 安全员收到班长的命令后，从中控室的工具柜中取出空气呼吸器佩戴好，携带警戒绳，去 1 号大门口。到达后立即拉警戒绳（自动完成）。

(4) 外操员从中控室的物资柜中取出空气呼吸器佩戴好并携带 F 型扳手。

(5) 班长向外操员发布"立即去事故现场"的命令。

(6) 班长从中控室的物资柜中取出空气呼吸器佩戴好,并携带 F 型扳手迅速去事故现场。

(7) 班长命令主操"请拨打电话 119,报火警"(火警内容:"分馏塔装置区的加热炉出口法兰处原油泄漏着火,火势较大,无法控制,请派消防车,报警人张三"),并命令安全员"请到 1 号门引导消防车"。

(8) 此时消防车到,并到着火点灭火(自动完成)。

(9) 班长命令主操及外操员"执行预案中的操作步骤"。

(10) 主操接到命令后,启动室内岗位第一轮处理方案:

启动加热炉紧急停止瓦斯按钮;

手动关闭 FIC2047 停止加热炉燃料进料;

TIC2001 切手动并关闭;

手动关闭原料缓冲罐 V201 进料控制阀 LIC2001;

手动关闭 FIC2014A～FIC2014D;

关闭中压蒸汽加热阀 FIC2049。

(11) 外操员接到命令后,首先进行第一轮处理方案:

关闭长明灯燃气阀 VI2F201;

关闭加热炉燃气阀 VI1F201;

关闭原料贮罐底泵后阀 P201AO;

停泵 P201A;

关闭 FV2014A～FV2014D 后手阀;

关闭轻柴油出装置阀门 VI1C203,轻柴油出装置改走不合格线阀 VI2C203;

关闭重柴油出装置阀门 VI1E211,重柴油出装置改走不合格线阀 VI2E211;

关闭重石脑油出装置阀门 VI1V202,重石脑油出装置改走不合格线阀 VI2V202。

(12) 主操启动室内岗位第二轮处理方案:

打开 FIC2026 将重柴油全量送出;

关闭 FIC2025,打开 FIC2030 将轻柴油全量送出;

打开 FIC2033 将重石脑油全量送出;

关闭分馏塔顶循环油流量控制阀 FIC2056;

当回流罐 V202、C203 塔釜和 C202 塔釜没有液位后,通知外操员"停泵 P203A、P204A、P205A、P206A 和 P208A"。

(13) 外操员在进行完第一轮处理方案后,进行第二轮处理方案:

根据主操命令,停泵 P203A、P204A、P205A、P206A 和 P208A;

停空冷器 E203、E207、E209、E211、E213 和 E223。

(14) 主操向班长报告"室内已按应急预案的处理程序处理完毕"。

(15) 外操员在做完上述工作后向班长报告"装置按应急预案处理完毕"。

（16）班长接到外操员和主操汇报后，经检查无误，向调度汇报"装置已按应急预案处理完毕，车间应急预案结束，请派维修工进行检修"。

（17）班长用广播宣布"解除事故应急预案"，车间应急预案结束。

2. 分馏塔底泵出口法兰泄漏着火

作业状态：加热炉 F201，分馏塔 C202、C203 处于正常生产状况，各工艺指标操作正常。

事故描述：P203A 出口法兰泄漏着火。

应急处理程序：

注：下列命令和报告除特殊标明外，都是用对讲机来进行传递。

（1）外操员正在巡回检查，走到塔 C202 附近看到 P203A 出口法兰处泄漏着火。外操员立即向班长汇报"泵 P203A 出口法兰处泄漏着火"。

（2）班长接到外操员的报警后，立即使用广播启动《P203 出口法兰泄漏着火应急预案》；然后命令安全员"请组织人员到门口拉警戒绳"；接着用中控室岗位电话向调度室报告发生泄漏（电话号码：12345678；电话内容："泵 P203A 出口法兰泄漏着火，已启动应急预案"）。

（3）安全员收到班长的命令后，从中控室的工具柜中取出空气呼吸器佩戴好，携带警戒绳，去 1 号大门口。到达后立即拉警戒绳（自动完成）。

（4）外操员从中控室的物资柜中取出空气呼吸器佩戴好并携带 F 型扳手。

（5）班长向外操员发布"立即去事故现场"的命令。

（6）班长从中控室的物资柜中取出空气呼吸器佩戴好，并携带 F 型扳手迅速去事故现场。

（7）班长命令主操"请拨打 119，报火警"（火警内容："分馏塔装置区泵 P203A 出口法兰处重柴油泄漏着火，火势较大，无法控制，请派消防车灭火，报警人张三"），并命令安全员"请到 1 号门引导消防车"。

（8）此时消防车到，并到着火点灭火（自动完成）。

（9）班长命令主操及外操员"执行预案中的操作步骤"。

（10）主操接到命令后，启动室内岗位第一轮处理方案：

启动加热炉紧急停止瓦斯按钮；

关闭中压蒸汽加热阀 FIC2014、原料油进缓冲罐温度控制阀 TIC2001。

（11）外操员接到命令后，首先进行第一轮处理方案：

停泵 P203A，并关闭该泵出口阀；

停泵 P201A，并关闭该泵出口阀；

关闭分馏塔去 P203A 的总阀 VI4C202。

（12）主操启动室内岗位第二轮处理方案：

关闭分馏塔底泵返回线的流量控制阀 FIC2049；

手动关闭原料缓冲罐 V201 进料控制阀 LIC2001；

关闭分馏塔底产品至 E202 流量控制阀 FIC2021；
关闭分馏塔底轻柴油流量控制阀 FIC2030；
手动关闭 C203 进料阀 LIC2013；
通知外操员"停泵 P205A、P204A、P206A 和 P208A"。

（13）外操员在进行完第一轮处理方案后，进行第二轮处理方案：
根据主操命令，停 P205A、P204A、P206A 和 P208A。

（14）主操切手动关闭重石产品去 E215 流量控制阀、轻柴油出装置流量控制阀、重柴油出装置流量控制阀。

（15）主操向班长报告"室内已按应急预案的处理程序处理完毕"。

（16）外操员在做完上述工作后向班长报告"装置按应急预案处理完毕"。

（17）班长接到外操员和主操的汇报后，经检查无误，向调度汇报"装置已按应急预案处理完毕，车间应急预案结束，请派维修工进行检修"。

（18）班长用广播宣布"解除事故应急预案"，车间应急预案结束。

3. 分馏塔顶泵出口法兰泄漏伤人

作业状态：加热炉 F201，分馏塔 C202、C203 处于正常生产状况，各工艺指标操作正常。

事故描述：P208A 出口法兰泄漏，有人受伤倒地。

应急处理程序：

注：下列命令和报告除特殊标明外，都是用对讲机来进行传递。

（1）外操员正在巡回检查，走到塔 C202 附近看到 P208A 出口法兰处泄漏，有人受伤倒地。外操员立即向班长汇报"泵 P208A 出口法兰处泄漏，有人受伤昏倒在地"。

（2）班长接到外操员的报警后，立即使用广播启动《车间泄漏应急预案》；然后命令安全员"请组织人员到门口拉警戒绳"；接着用中控室岗位电话向调度室报告发生泄漏（电话号码：12345678；电话内容："泵 P208A 出口法兰处泄漏，有人受伤昏倒在地，已启动应急预案"）。

（3）外操员返回中控室佩戴空气呼吸器及取 F 型扳手，迅速去事故现场。

（4）班长命令主操打 120 叫救护车，主操打 120（电话内容："分馏塔装置区泵 P208A 出口法兰处重石脑油泄漏，有人中毒昏迷不醒，请派救护车，拨打人张三"）。

（5）班长从中控室的物资柜中取出空气呼吸器佩戴好，并携带 F 型扳手迅速去事故现场。班长命令安全员"请到 1 号门口引导救护车"。

（6）外操员将受伤人员放至安全地方并进行现场急救。

（7）班长命令外操员"启动备用泵，停事故泵并将事故泵倒空"，并命令室内主操员"监视装置生产状况"。

（8）外操员启动泵 P208B，打开泵 P208B 出口阀，泵 P208B 运转正常；停泵 P208A，并关闭该泵的进出口阀；打开事故泵 P208A 倒流阀 VX1P208A，倒空后关闭 VX1P208A。

(9) 外操员将泵 P208A 倒空置换后向班长汇报"P208A 已具备检修条件"。

(10) 安全员听到班长的命令后,打开消防通道,引导救护车进入事故现场。救护车到现场将受伤人员救走(自动完成)。

(11) 主操向班长汇报"装置运转正常"。

(12) 班长接到外操员和室内主操员的汇报后,经检查无误,向调度汇报"装置运转正常,泄漏泵切到备用泵运转,事故泵 P208A 已具备检修条件,请派维修人员进行检修消漏"。

(13) 班长用广播宣布"解除事故应急预案",应急预案结束。

任务五　完成釜式反应器单元操作

釜式反应器介绍

一、工艺内容简介

1. 工作原理

本生产工艺采用德国 Lyondellbasell 公司的 Hostalen 低压淤浆工艺进行悬浮聚合。Hostalen 工艺是高科技淤浆层叠技术,既可生产单峰高密度聚乙烯产品(HDPE),也可生产双峰高密度聚乙烯产品。

该装置主要以乙烯为原料,1-丁烯为共聚单体,H_2 用来调节分子量,己烷作为分散剂用来将乙烯、1-丁烯以及催化剂、聚乙烯粒子均匀分散。主要使用齐格勒·纳塔催化剂,用氯化镁作支撑剂。用于生产高密度聚乙烯产品的催化剂是基于齐格勒·纳塔催化剂高活性钛的配位聚合原理。

2. 流程说明

聚合反应在两台反应器内发生,这两台反应器可以是串联(K2、MB 模式)或者是并联(K1 模式),反应温度为 76～85℃,反应压力在 2.6～9bar(1bar=10^5Pa)。

通过 R202 后,悬浮液进入到反应物收集罐 V301,然后出外界继续进行分离。

(1) 综述

聚合反应是在两个 229m³ 的反应器 R201/R202 中进行的。

所有反应器均装有 5+1 阶搅拌桨,转速大约为 128r/min。

聚合反应剧烈放热,因此需要较强的冷却系统 [880～900kcal/kg(乙烯)]。反应器设有盘绕夹套管,并且每个反应器都有两个外冷却器。后者可以带走 80% 的反应热。

乙烯、共聚单体、H_2、催化剂、活化剂、己烷和回收的母液连续由底部进入反应器,聚合反应迅速发生。单程的总转化率(包括后反应器 R204)高于 99%,因此不需要乙烯的再循环步骤。HDPE 悬浮液占反应器体积的 90%～95%,液位控制(LIC2101/2201)主要是利用放射性的方法来测量。

聚乙烯悬浮液在聚合压力及淤浆泵的作用下，离开由液位控制的反应器，被送至反应物收集罐 V301。

反应器可能在并联的条件下运行，例如在同样的聚合条件下操作。这是指 K1 工艺，这种工艺可以得到窄分子量分布的产品，以满足特定的需求。

另外，两个反应器也可能在不同的聚合条件下串联运行，即 K2 或者 BM 工艺。如果要获得宽分子量分布的产品，可以采用这两种聚合工艺，而 BM 工艺生产的产品分子量分布更宽。

在 BM 工艺中，在聚合物悬浮液进入第二反应器 R202 之前，在闪蒸罐 V201 中通过对聚合物悬浮液减压除去过量的 H_2，这一步是非常必要的。因为在 BM 工艺中 R202 必须要生产出极高分子量的 HDPE，所以必须避免过量的 H_2 存在。

（2）工艺命名

工艺命名来源于其历史背景。

在 K1 工艺中，两个反应器在平行连续的模式下连续运行，不投用闪蒸罐。

BM 工艺是两个反应器串联在一起连续运行，并投用闪蒸罐。

（3）反应参数

乙烯的供给：

所有的聚合配方都是基于一定的单体流速的，因此为了保证熔体流动速率稳定和产品质量，反应必须依照配方中的乙烯供应速率进行。

从技术上讲，每个反应器都可以在很低的产率下运行，为 6～11t/h。在这种低范围的生产速率下，仪器控制回路的精确度将是唯一的制约因素。

在高生产率下，乙烯的进料速率受反应系统冷却能力的制约。除此之外。其他制约因素还有增加催化剂的消耗和排放气流量。

己烷/乙烯的比例（相比）：

反应系统需要的己烷和乙烯的相比大小主要是依据由各种催化剂生产的 HDPE 粉料的形态而定的，大约每吨乙烯要 3.3～5.5m^3 己烷。

相比过低，就会在反应器中导致热传递问题和不均质问题，并且非常容易使悬浮液泵和悬浮液管线堵塞。

如果相比过高，则乙烯在反应器中的停留时间减少，结果使催化剂/活化剂消耗的量增加。另一个不利情况是它使得沉降式离心机 S2101A/B/C 由于负载过大而导致效率降低。

共聚单体的供给：

丁烯在经过 FIC2104/2204 之后接入乙烯管线，并同乙烯一起进入反应器。经过丁烯管线上质量流量计 FIC2104/2204 处的压力必须足够高，以避免丁烯部分蒸发而造成不准确的共聚单体的计量［丁烯的压力最小要高于 6bar（A）］。

通过 AR2103/2203 来调节丁烯的进料量以控制反应器中气相丁烯的浓度。

根据不同的 HDPE 产品牌号，共聚单体的量约为 0.15～40L/t（乙烯）。由于数量跨度非常大，两个反应器需要两个独立的控制回路来满足不同的流量测量范围。

H_2 的供给：

H_2 也是在 FIC2101/2、FIC2201/2 之后接入乙烯管线，进而进入反应器。

供给速率可以手动设定，也可以由 H_2 分压与乙烯分压比 $[Q=p(H_2)/p(C_2H_4)]$ 来自动控制。分压根据在调整好的反应器气相中的分析仪（AR2102/2202）和乙烯分析仪（AR2101/2201）计算得出。

H_2 流量的控制主要是由热质量流量测量仪表 FIC2101/2102/2201/2202 来完成的。由于所需的数量变化很大 $[2\sim25m^3/t（乙烯），标准状况]$，并且流量控制必须尽可能精确，每一反应器均要有两个不同流量范围的流量控制回路。

己烷 / 母液的比例：

由沉降式离心机从 HDPE 粉料分离出的母液应送回到反应器 R201/R202。

母液是可以获得的最洁净的己烷，含有一些杂质如水分、氧、二氧化碳等，并且仍含有 0.5～1.0mmol/L 的活化剂，这些活化剂可以在蒸馏单元除去。此外，提高母液的循环量可以明显减小蜡损失。因为，在母液系统中已经建立了一定的蜡浓度。在离心机进料罐 V301 中，在比较合适的温度下，其余的蜡将沉积在 HDPE 粉料上。

无论如何，对于特定的低密级聚乙烯，母液的完全回收是不可能的。这是由于质量的原因或蜡的浓度过高会导致母液系统的机械问题。

催化剂的供给：

催化剂悬浮液以一定的速率流入反应器，这样可使反应器的压力范围与聚合配方相同。

进料速率可以手动设定，也可以由反应器气相分析计算出的乙烯分压（通过 AR2102/2202）来进行自动控制。

催化剂的供应是由催化剂的定量给料泵 P101A/B 完成的，同新鲜己烷物流（FIC2105/2205）一起进入 R201/R202。用新鲜的己烷管线是将催化剂悬浮液注入反应器较好办法。如果催化剂悬浮液与母液同时注入（FIC2113/2213）可能会导致预聚合并堵塞母液管线。

反应器中催化剂浓度增加，将加速聚合反应速率并且减小反应压力；催化剂浓度降低，将减小聚合速率并使反应器压力上升。

BM 工艺只有反应器 R201 中加入了催化剂，不过在从 R201 流入 R202 的淤浆中，仍有活性的粒子能够保证 R202 中的聚合反应。

活化剂的供给：

经过计量的新鲜活化剂和母液中的活化剂一起输送至反应系统，反应系统中活化剂的浓度（依据不同的 HDPE 级的聚合配方）保持不同的恒定值。

对于所有的 K1 工艺，活化剂最好由活化剂计量泵 P102A/B 供给。注入点在母液泵 P2101A/B 的出口至反应器 R201/R202 的母液管线上。

反应器中活化剂的浓度应比配方给出的值略高。活化剂浓度低，将使催化剂活性迅速降低（导致高反应压力、低熔体流动速率产品），并且不能通过增加催化剂的量和 H_2 浓度来调整。某些催化剂/活化剂的组合，在装置聚合条件下，过度活化也是不可能的。其他的组合，当活化剂过量时也会造成催化剂活性迅速降低。最佳的活化剂浓度是由聚合系统的洁净程度决定的，因此，不同的 HDPE 厂活化剂浓度是不同的。

反应器压力：

对于所有 K1 工艺的反应器和 BM 工艺中的 R201，压力正常控制在 8～10bar（G）。其限制因素是反应器的设计压力以及单体、共聚单体、H_2 的界区压力。

反应器温度：

依据不同产品的聚合配方，反应器的温度为 76～86℃，温度波动为 ±0.5℃。温度会严重影响产品的熔体流动速率和聚合速率。

反应允许的温度范围是受限制的，较低温度导致聚合速率的降低，温度过高则增加蜡的产生量。无论如何，反应器的温度不能超过 90℃，因为在这一温度下，HDPE 粉料将开始变软、黏结。这会使反应器的情况十分糟糕，反应温度将不能控制。

（4）工艺控制基础

聚合速率：

由上面的说明可知，聚合速率由催化剂浓度控制。根据聚合配方，乙烯在反应器中的气相分压受催化剂浓度的限制，将保持在很高很窄的范围内。乙烯的分压范围主要是基于反应器的压力不要过高这点来确定的。例如，反应器没有气体排放。

对聚合反应速率控制的方法表明所有能够影响聚合速率的参数（例如反应器温度）都应保持恒定。

平均分子量：

HDPE 粉料的平均分子量与反应器气相中 H_2 的分压有关，主要是通过反应器分析器（AR2101/2201）测定 H_2 的浓度，并自动换算成 H_2 的分压。

在聚合反应配方中 H_2/C_2H_4 在聚合反应器气相中的比例是非常重要的，这一比例必须在配方规定的确定范围内。反应器中正常的聚合条件是保证生产合格产品的先决条件。

通过控制反应器中 H_2 的进料量可以使反应器气相中 H_2 的分压保持恒定。无论如何，如果反应器 R202 同 R201 串联，H_2 的分压均依据配方通过改变闪蒸罐 V201 的进料流量或这个反应器的气体排放速率来调整。

这种控制分子量的方法必须保证反应器其他的参数不变。

分子量分布：

熔体的流动速率（MFR）是表示聚合物分子量的粗略指标。对于 Hostalen 装置，在通常情况下，采用测定 MFR21.6/MFR5.0 的比值来计算流动速率比（FRR），作为分子量分布的表示方法。

首先，分子量分布受催化剂/活化剂体系和所选工艺的影响。在催化剂制备的最后一步中，三价钛的还原程度对分子量分布也有影响。尤其是在 THT-BM 工艺生产条件下，通过调节乙烯的 R201、R202 进料速率来最后调整 MFR 值以适应市场需要，这是非常有效的。例如，在生产管材产品时，聚合配方要求47%的乙烯进料供给反应器R201，53%供给R202。这个比例可以依据每天的情况在±1%范围内进行变动。

密度：

HDPE均聚物的密度主要由分子量分布以及共聚单体的含量和材料的结晶度决定。举两个例子，材料（0.5kg负载）的熔体流动速率是0.1g/min，那么，它的密度约为0.953g/cm^3；材料的熔体流动速率是55g/min，那么它的密度约为0.964g/cm^3。产品的密度主要是在乙烯中加入少量作为共聚单体的丁烯进行聚合来调节。由于增加共聚单体的浓度会导致反应器中产生大量的蜡，齐格勒·纳塔淤浆聚合工艺所生产的产品密度不会低于0.940g/cm^3。由于共聚合速率非常低，因此丁烯必须过量。这样母液系统中未反应的丁烯浓度非常大。丁烯与母液一同循环回反应器，当调整反应器新鲜丁烯的供给速率时，应考虑这部分丁烯。

（5）后反应器R204

HDPE悬浮液离开液位控制（LIC2101/2201）的反应器R201/R202被送至后反应器R204。R204为两个反应器所共用。由于反应器液位非常重要（例如，无论如何必须避免淤浆物料溢流到排放气系统），因此安装放射性感应器来进行液位控制。对于该催化剂系统，间歇的HDPE悬浮液从R201/R202排到后反应器R204的供应是非常好的方法，因为由经验得知，在输送管线中粉料的沉积和后聚合会减少。对于其他的催化剂系统采用连续的液位控制。

此外，LV2101/2201必须安装在悬浮液输送管线中的最高点，以防止沉积的粉料堵塞阀门。

在后反应器R204中，一部分在R201/R202中未反应的乙烯继续发生聚合。THE产品的后反应可能不会发生，而对于Z501产品，乙烯的转化率据估计为0.5%～1.5%。

后反应器的温度控制要依据配方进行，压力大约比1bar（G）略低一点，这样可以使催化剂悬浮液从反应系统流至后反应器。

后反应器R204的所有排放气都经过PIC2302。为了冷凝排放气中的己烷，在将它送至丁烯回收塔之前要先经过冷凝器E303、离心机进料罐V301。

排放气的组成很大程度上依赖于聚合物的牌号，典型值约为50%～60%（体积分数）N_2、5%～10%（体积分数）H_2、5%～15%（体积分数）乙烷、5%～15%（体积分数）乙烯，这是己烷和母液中溶解的，乙烷主要由H_2和乙烯形成。因此，乙烷和乙烯在不同情况下约占乙烯总进料量的0.25%～0.35%（质量分数），己烷蒸气达到平衡。

后反应器的液位由LIC2301控制。考虑到准确可靠，它采用放射性传感器。聚合物悬浮液通过悬浮液冷却器E301由泵P301A/B泵入离心机进料罐V301，一部分液流被循环到泵P301A/B的入口以提高水冷系统的效率。

（6）离心机进料罐V301

离心机进料罐V301由N_2保护，并且由PIC3103将压力控制在0.5bar（G）。当产品的流动在己烷分离和干燥单元发生短时间故障而暂时中止时，离心机进料罐

V301 可对高聚物悬浮液起到缓冲作用。因此，通常其液位控制较低（20%～30%）。如果悬浮液流速为 170～220m³/h，离心机进料罐 V301 可利用体积是 220m³，它能缓解 40～50min 的后部系统故障。

更重要的是，在离心机进料罐 V301 中，在聚合工艺中形成的蜡必须尽可能沉积在 HDPE 产品上；为了使蜡的沉积效果最佳，悬浮液最少要停留 20～30min，并且在罐中悬浮液温度约为 37℃。

蜡的沉淀不足就会导致母液系统中蜡的含量高。这就使供给到聚合部分的母液量减少，就会造成活化剂和蜡的损失。

3. 工艺卡片

釜式反应器单元工艺参数卡片如表 2-18 所示。

表 2-18　釜式反应器单元工艺参数卡片

设备名称	项目及位号	正常指标	单位
第一反应器（R201）	反应温度（TIC2101）	82～88	℃
	反应压力（PIC2102）	0.85～1	MPa
	A201 转速（SI2101）	110～140	r/min
	乙烯进料量（FIC2103）	15573	m³/h（标准状况）
第二反应器（R202）	反应温度（TIC2201）	78～80	℃
	反应压力（PIC2202）	0.5～0.6	MPa
	A202 转速（SI2201）	110～140	r/min
	乙烯进料量（FIC2203）	14375	m³/h（标准状况）
后反应器（R204）	反应温度（TIC2301）	74～78	℃
	反应压力（PIC2302）	0.2	MPa
	A204 转速（SI2301）	110～140	r/min
V301	压力（PIC3103）	10～15	kPa

4. 设备列表

釜式反应器单元设备列表如表 2-19 所示。

表 2-19　釜式反应器单元设备列表

位号	名称	位号	名称
P201A/B	第一反应器悬浮物循环泵	V201	闪蒸罐
P202A/B	第二反应器悬浮物循环泵	E201A/B	第一反应器外部冷却器
P204	闪蒸罐泵	E202A/B	第二反应器外部冷却器
R201	第一反应器	E303	排放气冷却器
R202	第二反应器	V301	反应物收集罐

5. 仪表列表

釜式反应器单元仪表列表如表 2-20 所示。

表 2-20　釜式反应器单元仪表列表

点名	描述	控制范围	正常值
FIC2105	纯己烷至 R201 流量	0～1500kg/h	650kg/h
FIC2110	M201 冲洗己烷流量	0～350kg/h	260kg/h
PI2103	R201 压力	0～1.6MPa	0.85～1.0MPa
TIC2101	R201 温度	0～200℃	84℃
LIC2101	R201 液位	0～100%	30%
PIC2101	R201 压力	0～1.6 MPa	0.85～1.0MPa
LIC2103	V201 液位	0～100%	40%
FIC2103	R201 乙烯进料流量	0～22000m^3/h（标准状况）	15323m^3/h（标准状况）
PI2203	R202 压力	0～1.6 MPa	0.5～0.85MPa
TIC2201	R202 温度	0～200℃	78～80℃
LIC2201	R202 液位	0～100%	30%
PI2201	R202 压力	0～1.6MPa	0.5～0.85MPa
FIC2203	R202 乙烯进料流量	0～22000m^3/h（标准状况）	15323m^3/h（标准状况）
LIC3101	V301 液位	0～100%	25%
PI3101	V301 压力	0～250 kPa	13kPa
TI3101	V301 温度	0～60℃	37℃

6. 现场阀列表

釜式反应器单元现场阀列表如表 2-21 所示。

表 2-21　釜式反应器单元现场阀列表

现场阀门位号	描述
FV2105I	R201 己烷进料控制阀 FV2105 前阀
FV2105O	R201 己烷进料控制阀 FV2105 后阀
FV2206	R202 己烷进料控制阀
FV2205O	R202 己烷进料控制阀 FV2205 后阀
FV2205I	R202 己烷进料控制阀 FV2205 前阀
VI1R201	催化剂进 R201 阀门
VI1R202	催化剂进 R202 阀门
VI2R201	活化剂进 R201 阀门
VI2R202	活化剂进 R202 阀门
HV2104	R201 底部进料阀

模块二 装置单元技能操作

续表

现场阀门位号	描述
HV2204	R202 底部进料阀
VX9R201	R201 底部高压己烷间断冲洗进料阀
VX8R202	R202 底部高压己烷间断冲洗进料阀
FV2104I	R201 丁烯进料控制阀 FV2104 前阀
FV2104O	R201 丁烯进料控制阀 FV2104 后阀
FV2203I	R202 乙烯进料控制阀 FV2203 前阀
FV2203O	R202 乙烯进料控制阀 FV2203 后阀
FV2103I	R201 乙烯进料控制阀 FV2103 前阀
FV2103O	R201 乙烯进料控制阀 FV2103 后阀
VI1E201B	E201B 循环水入口阀
VI1E201A	E201A 循环水入口阀
VX2P201A	P201A 出口返回 R201 阀
VX2P201B	P201B 出口返回 R201 阀
HV2101	R201 底部去 P201A 入口阀
HV2102	R201 底部去 P201B 入口阀
HV2103	R201 气相放火炬阀
HV2203	R202 气相放火炬阀
VX6R202	R202 氢气充压阀
VX6R201	R201 氢气充压阀
VI5R202	R202 氮气充压阀
VI5R201	R201 氮气充压阀
PV2104	V201 压力控制阀
VI3E303	V201 气体去处理系统阀门
VX2E303	V201 气体去处理系统管线凝液回 V301 阀门
PV2106	P204 返回 V201 控制阀
VI4R201	R201 卸料阀
FV2113O	母液进 R201 控制阀 FV2113 后阀
FV2113I	母液进 R201 控制阀 FV2113 前阀
FV2213O	母液进 R202 控制阀 FV2213 后阀
FV2213I	母液进 R202 控制阀 FV2213 前阀
VI3R201	三乙基铝进 R201 阀
VI3R202	三乙基铝进 R202 阀
VI2V301	三乙基铝进 V301 阀
VI1E202A	E202A 前阀
VI1E202B	E202B 前阀

续表

现场阀门位号	描述
HV2202	R202 去 P202B 入口阀
HV2201	R202 去 P202A 入口阀
VI1P202A	P202A 出口管线上阀门
VI1P202B	P202B 出口管线上阀门
VX2P202A	P202A 返回管线上阀门
VX2P202B	P202B 返回管线上阀门
VI3V301	V301 下料线阀门
VX1E303	E303 循环水冷却水阀
HV3103	V301 底部下料至泵 P302 入口阀
HV3101	反应物卸料管线阀门
HV3111	反应物卸料管线阀门
XV3104	V301 底部冲洗己烷阀
VIP201A	P201A 的前阀
VIP201B	P201B 的前阀
VOP201B	P201B 的后阀
VOP201A	P201A 的后阀
VIP202A	P202A 的前阀
VIP202B	P202B 的前阀
VOP202B	P202B 的后阀
VOP202A	P202A 的后阀
FV2210	R202 底部冲洗己烷控制阀
VI1P201B	P201B 出口线上阀
VI1P201A	P201A 出口线上阀
VX9V301	V301 底部己烷冲洗阀
VI10R202	R202 底部进料阀
VI10R201	R201 底部进料阀
VI4R202	R202 底部卸料阀
VI9R201	P201B 入口卸料阀
VI8R201	P201A 入口卸料阀
VI8R202	P202A 入口卸料阀
VI9R202	P202B 入口卸料阀

7. 釜式聚乙烯反应器仿真 PID 图

釜式聚乙烯反应器仿真 PID 图如图 2-44 ～图 2-50 所示。

模块二 装置单元技能操作

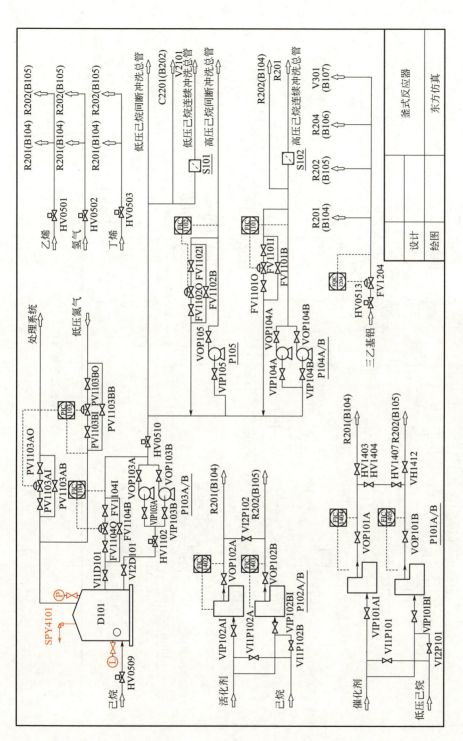

图 2-44 原料供给 PID 图

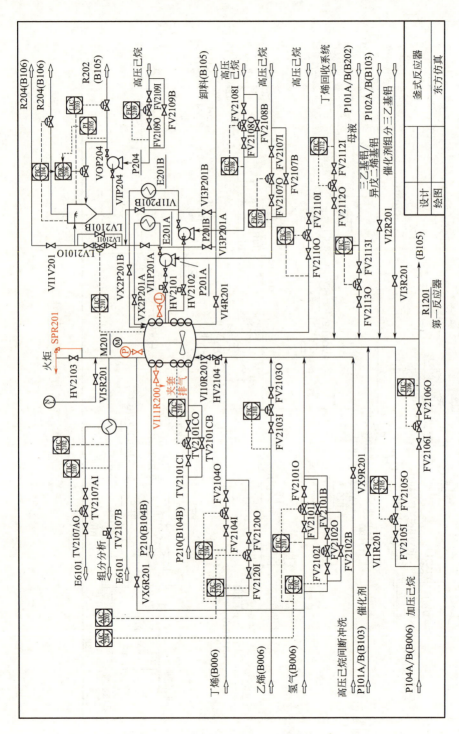

图 2-45 聚合反应釜（1）PID 图

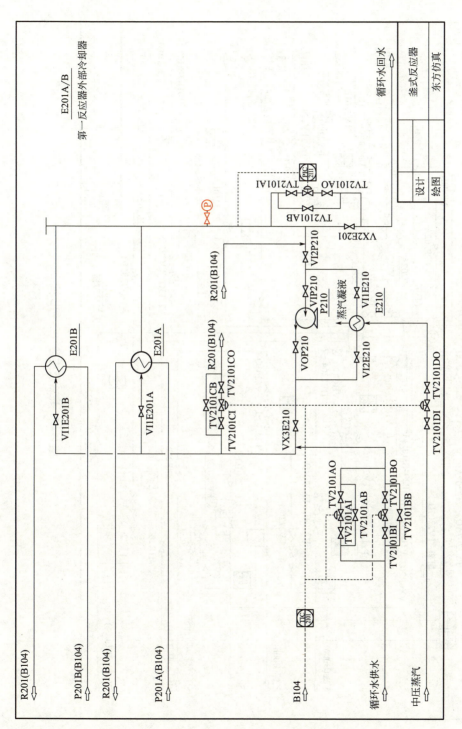

图 2-46 聚合反应釜（1）外部冷却器 PID 图

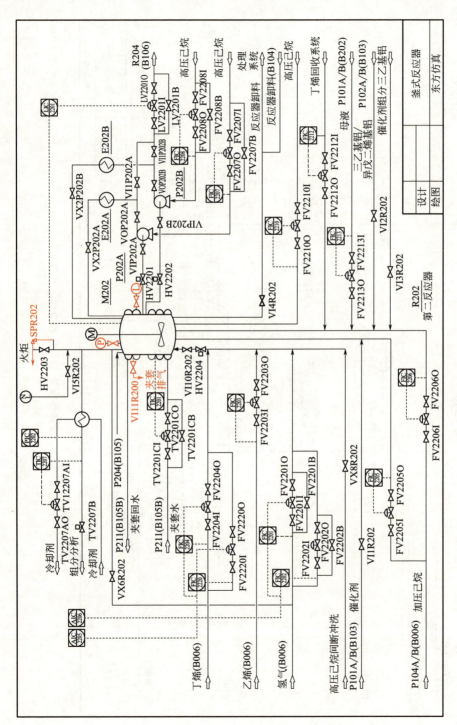

图 2-47 聚合反应釜（2）PID 图

模块二 装置单元技能操作

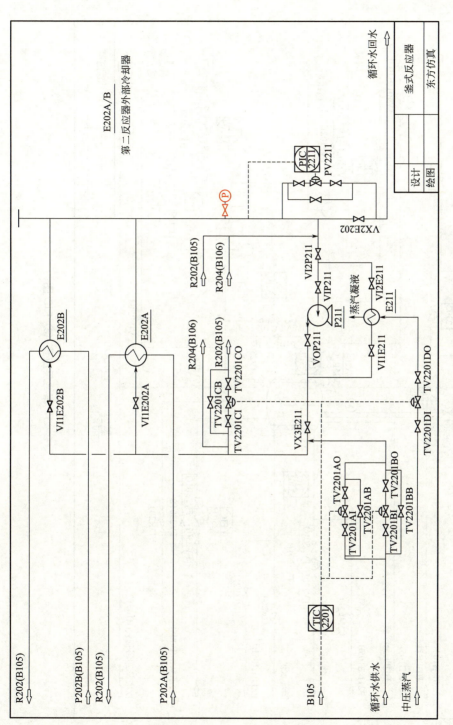

图 2-48 聚合反应釜 (2) 外部冷却器 PID 图

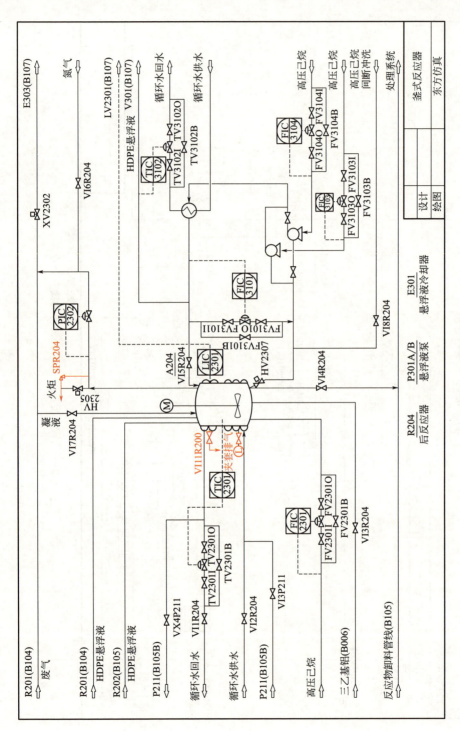

图 2-49 聚合反应釜（3）PID 图

模块二 装置单元技能操作

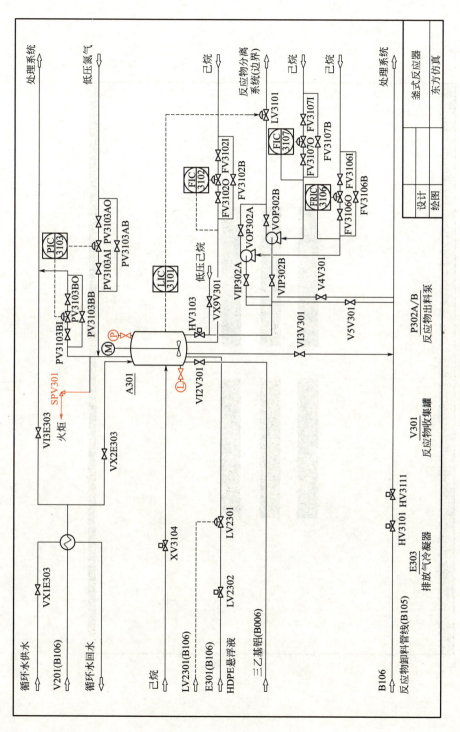

图 2-50 反应物收集系统 PID 图

8. 釜式聚乙烯反应器 DCS 图

釜式聚乙烯反应器 DCS 图如图 2-51～图 2-56 所示。

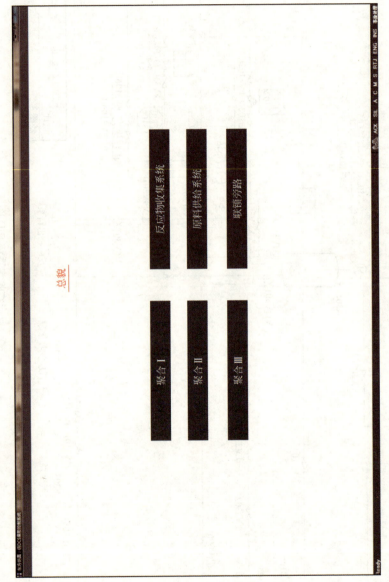

图 2-51　DCS 总貌图

模块二 装置单元技能操作

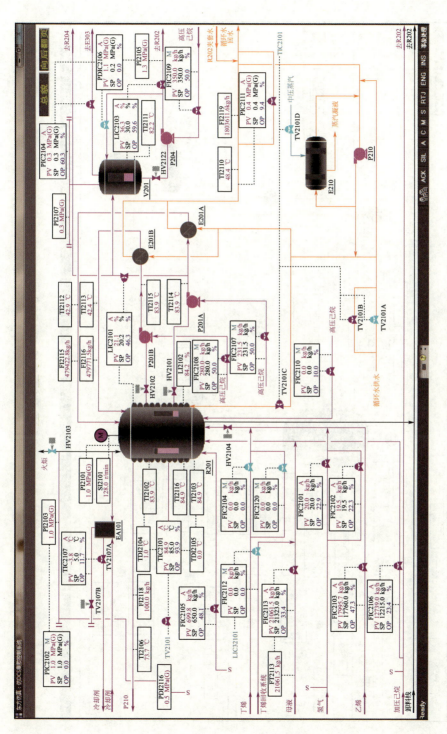

图 2-52 聚合反应釜（1）DCS 图

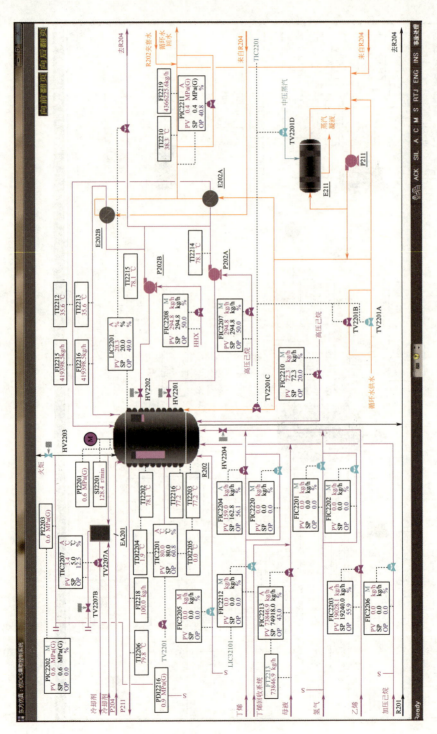

图 2-53 聚合反应釜（2）DCS 图

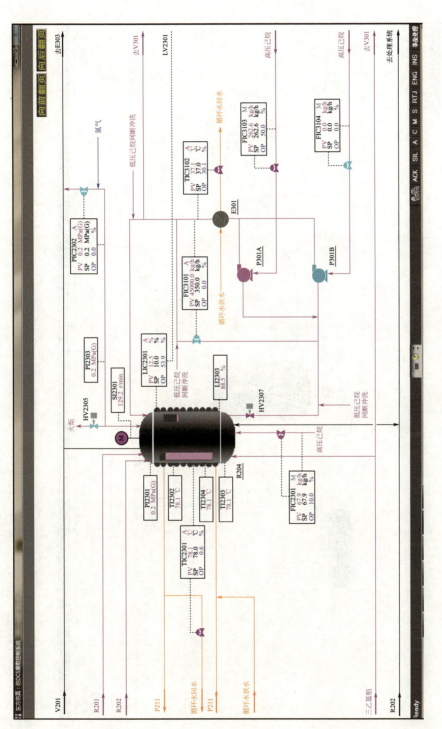

图 2-54 聚合反应釜（3）DCS 图

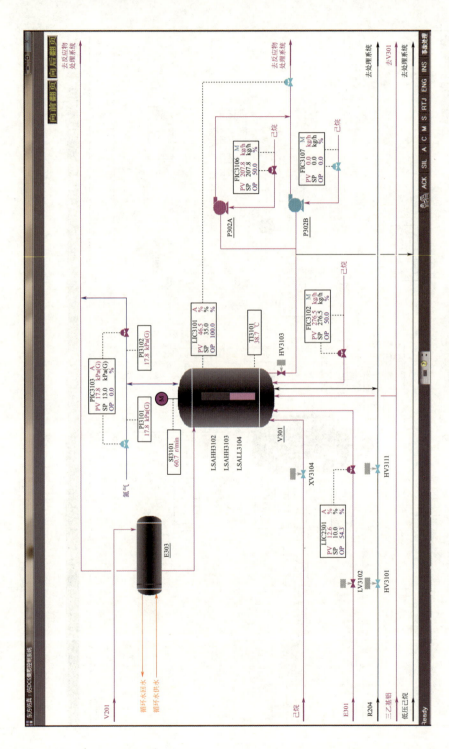

图 2-55 反应物收集系统 DCS 图

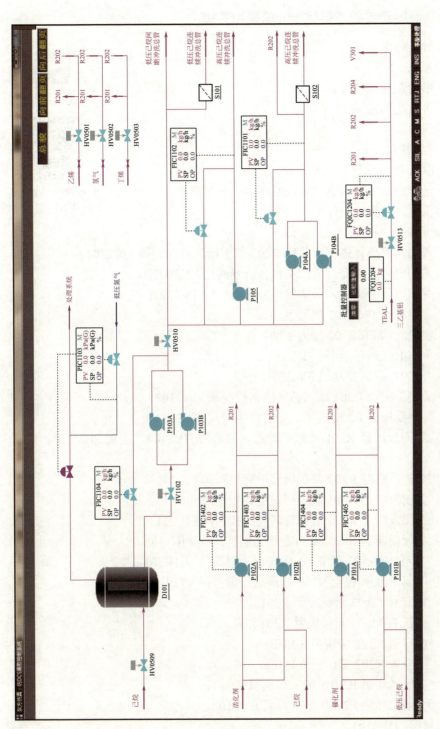

图 2-56 原料供给系统 DCS 图

二、作业现场安全隐患排除——仿真与实物

1. 长时间停电

事故原因：

（1）装置配电间故障；

（2）外部电网故障。

事故现象：

（1）照明停止；

（2）DCS 部分参数有声光报警；

（3）运行中的驱动设备（泵、搅拌桨）全部停止。

处理原则：装置紧急停车。

具体步骤：

（1）关闭共聚单体进料，关闭 R202 的丁烯进料控制阀 FIC2204。

（2）关闭气体分析器，关闭气体分析器阀门 TV2107B。

（3）关闭气体分析器，关闭气体分析器阀门 TV2207B。

（4）将控制阀 FIC2101 投为手动。

（5）将控制阀 FIC2102 投为手动。

（6）关闭 H_2 进料控制阀 FIC2101。

（7）关闭 H_2 进料控制阀 FIC2201。

（8）关闭反应器 R201 底部乙烯进料控制阀 FIC2103。

（9）关闭反应器 R202 底部乙烯进料控制阀 FIC2203。

（10）关闭反应器 R201 底部手动乙烯进料阀 HV2104，避免 PES（聚乙烯悬浮液）回流入乙烯管线。

（11）关闭反应器 R201 底部母液进料控制阀 FIC2113。

（12）关闭反应器 R201 底部己烷进料控制阀 FIC2106。

（13）关闭反应器 R202 底部母液进料控制阀 FIC2213。

（14）关闭反应器 R-202 底部己烷进料控制阀 FIC2105。

（15）关闭 P101A/B 至 R201 的最后一道阀门 VI1R201。

（16）关闭 P102A/B 至 R201 的最后一道阀门 VI2R201。

（17）打开 HV2103 对反应器 R201 泄压。

（18）打开 HV2203 对反应器 R202 泄压。

（19）反应器 R201 泄压至 0.1MPa。

（20）反应器 R202 泄压至 0.1MPa。

（21）关闭循环泵 P201A 的入口阀 HV2101。

（22）关闭循环泵 P201B 的入口阀 HV2102。

（23）打开 HV3101。

扫一扫看视频

釜式反应器作业
现场安全隐患排除

（24）打开 HV3111。
（25）打开 V301 底部退料阀门 VI3V301。
（26）打开泵 P201A 入口退料阀门 VI8R201，将 R201 外循环的物料全部退入沉降式离心机进料罐 V301 中。
（27）打开泵 P201B 入口退料阀门 VI9R201，将 R201 外循环的物料全部退入沉降式离心机进料罐 V301 中。
（28）关闭泵 P201A 入口退料阀门 VI8R201。
（29）关闭泵 P201B 入口退料阀门 VI9R201。
（30）打开 R201 底部退料阀门 VI4R201，将 R201 的物料全部退至沉降式离心机进料罐 V301 中。
（31）将 R201 的物料全部退入沉降式离心机进料罐 V301 中后，关闭 R201 底部的退料阀门 VI4R201。
（32）关闭循环泵 P202A 的入口阀 HV2201。
（33）关闭循环泵 P202B 的入口阀 HV2202。
（34）打开循环泵 P202A 入口排液阀 VI8R202，将 R202 外循环的物料全部退至沉降式离心机进料罐 V301 中。
（35）打开循环泵 P202B 入口排液阀 VI9R202，将 R202 外循环的物料全部退至沉降式离心机进料罐 V301 中。
（36）关闭泵 P202A 入口退料阀门 VI8R202。
（37）关闭泵 P202B 入口退料阀门 VI9R202。
（38）打开 R202 底部的退料阀门 VI4R202，将 R202 的物料全部退至沉降式离心机进料罐 V301 中。
（39）关闭 E201A 的入口循环水阀 VI1E201A。
（40）关闭 E201B 的入口循环水阀 VI1E201B。
（41）关闭 E202A 的入口循环水阀 VI1E202A。
（42）关闭 E202B 的入口循环水阀 VI1E202B。
（43）关闭 E303 的循环水阀 VX1E303。

2. 原料中断

事故原因：乙烯装置故障。
事故现象：
（1）乙烯压力急速下降；
（2）H_2 压力急速下降。
处理原则：关闭乙烯流量控制阀，打开乙烯管线高压己烷冲洗阀进行管线冲洗。
具体步骤：
（1）关闭 HV2104 后切断阀 VI10R201，避免 PES 回流至乙烯管线。

(2) 关闭 HV2204 后切断阀 VI10R202，避免 PES 回流至乙烯管线。
(3) 关闭乙烯流量控制阀 FV2103 后阀 FV2103O。
(4) 打开 R201 底部乙烯管线高压己烷冲洗阀门 VX9R201。
(5) 将 HV2104 联锁投用旁路，打开 HV2104，打开 HV2104 后切断阀 VI10R201。
(6) 冲洗 5min 后，关闭 HV2104 后切断阀 VI10R201。
(7) 关闭 R201 底部乙烯管线高压己烷冲洗阀门 VX9R201。
(8) 打开 R202 底部乙烯管线高压己烷冲洗阀门 VX8R202。
(9) 将 HV2204 联锁投用旁路，打开 HV2204，打开 HV2204 后切断阀 VI10R202。
(10) 冲洗 5min 后，关闭 HV2204 后切断阀 VI10R202。
(11) 关闭 R202 底部乙烯管线高压己烷冲洗阀门 VX8R202。
(12) 维持 R201 的淤浆泵与搅拌桨正常运转。
(13) 维持 R202 的淤浆泵与搅拌桨正常运转。
(14) 启动加热系统，维持 R201 的温度在 80℃。
(15) 启动加热系统，维持 R202 的温度在 80℃。

三、作业现场应急处置——仿真

1. 第一反应器氢气进料阀法兰泄漏着火

作业状态：反应器 R201、R202、R204 处于正常生产状况，各工艺指标操作正常（表 2-22）。

扫一扫看视频
釜式反应器作业现场应急处置

表 2-22 釜式反应器系统参数状态

设备名称	项目及位号	正常指标	单位
第一反应器（R201）	反应温度（TIC2101）	82～88	℃
	反应压力（PIC2102）	0.85～1	MPa
	A201 转速（SI2101）	110～140	r/min
	乙烯进料量（FIC2103）	15573	m³/h（标准状况）
第二反应器（R202）	反应温度（TIC2201）	78～80	℃
	反应压力（PIC2202）	0.5～0.6	MPa
	A202 转速（SI2201）	110～140	r/min
	乙烯进料量（FIC2203）	14375	m³/h
后反应器（R204）	反应温度（TIC2301）	74～78	℃
	反应压力（PIC2302）	0.2	MPa
	A204 转速（SI2301）	110～140	r/min
D101	压力（PIC1103）	4～8	kPa
V301	压力（PIC3103）	10～15	kPa

事故描述：氢气进料法兰泄漏着火。
应急处理程序：
注：下列命令和报告除特殊标明外，都是用对讲机来进行传递。
（1）外操员正在巡检，当行走到反应器 R201 时看到氢气进料法兰泄漏着火。外操员立即向班长报告"氢气进料法兰泄漏着火"，并使用灭火器灭火。
（2）班长接到外操员的报警后，立即使用广播启动《车间泄漏着火应急预案》；然后命令安全员"请组织人员到 1 号门口拉警戒绳"；接着用中控室岗位电话向调度室报告发生泄漏着火（电话号码：12345678；电话内容："氢气进料法兰泄漏着火，已启动应急预案"）。
（3）灭火 2min 后，外操员向班长汇报"尝试灭火，但火没有熄灭"。
（4）班长和外操员从中控室的工具柜中取出正压式空气呼吸器佩戴好，并携带 F 型扳手迅速去事故现场。
（5）安全员收到班长的命令后，从中控室的物资柜中取出正压式空气呼吸器佩戴好，携带警戒绳，去 1 号大门口。到达后立即拉警戒绳（自动完成）。
（6）班长拨打电话 119，报火警"釜式聚乙烯车间氢气进料前法兰处泄漏着火，火势较大，无法控制，请派消防车灭火，报警人张三"。
（7）班长通知安全员"请组织人员到 1 号门口引导消防车"。
（8）安全员听到班长的命令后，打开消防通道，引导消防车进入事故现场（自动完成）。
（9）班长通知主操及外操员"执行紧急停车操作"。
（10）主操听到班长通知后，点击 DCS 进行操作：
关闭乙烯切断阀 HV0501；
关闭氢气切断阀 HV0502；
关闭丁烯切断阀 HV0503；
关闭氢气控制阀 FIC2101、FIC2102；
关闭反应器底部母液进料阀 FIC2113、FIC2213；
关闭共聚单体乙烯进料控制阀 FIC2103、FIC2203；
关闭纯己烷控制阀 FIC2106；
打开泄压阀 HV2103、HV2203，将反应器压力卸至 0.1MPa。
（11）外操员接到班长通知后，执行如下操作：
关闭反应器底部乙烯进料阀 VI10R201、VI10R202；
关闭冷却循环阀 VI1E201B、VI1E201A、VI1E211、VI2E211、VX2E202、VI2P211、VX2E201、VI1E210、VI2E210。
（12）外操员处理完毕向班长汇报"现场已按紧急停车处理完毕"。
（13）主操处理完毕向班长汇报"室内已按紧急停车处理完毕"。
（14）班长接到外操员和主操的汇报后，经检查无误，向调度汇报"事故处理完毕，可通知维修工对泄漏点进行检修"。

（15）班长用广播宣布"解除事故应急预案"，车间紧急停车应急预案结束。

2. 己烷进料泵机械密封泄漏着火

作业状态：反应器 R201、R202、R204 处于正常生产状况，各工艺指标操作正常。

事故描述：P103A 机械密封泄漏着火。

应急处理程序：

注：下列命令和报告除特殊标明外，都是用对讲机来进行。

（1）外操员正在巡检，当行走到反应器 R201 时看到 P103A 机械密封泄漏着火。外操员立即向班长报告"P103A 机械密封泄漏着火"，并迅速拿取灭火器对着火点进行喷射灭火。

（2）班长接到外操员的报警后，立即使用广播启动《车间泄漏着火应急预案》；然后命令安全员"请组织人员到 1 号门口拉警戒绳"；接着用中控室岗位电话向调度室报告发生泄漏着火（电话号码：12345678；电话内容："P103A 机械密封泄漏着火，已启动应急预案"）。

（3）班长从中控室的工具柜中取出正压式空气呼吸器佩戴好，并携带 F 型扳手迅速去事故现场。

（4）外操员向班长汇报"尝试灭火，但火无法扑灭"，然后立即返回中控室，从中控室的工具柜中取出正压式空气呼吸器佩戴好，并携带 F 型扳手再次赶往事故现场。

（5）安全员收到班长的命令后，从中控室的物资柜中取出正压式空气呼吸器佩戴好，携带警戒绳，去 1 号大门口。到达后立即拉警戒绳（自动完成）。

\>\> 火无法熄灭（需要紧急停车）：

（1）班长命令主操打电话 119 报火警。主操报火警"釜式聚乙烯车间己烷泵机械密封处泄漏着火，火势较大，无法控制，请派消防车灭火，报警人张三"。

（2）班长命令安全员"请组织人员到 1 号门口引导消防车"。

（3）安全员接到班长的命令后，打开消防通道，引导消防车进入事故现场（自动完成）。

（4）班长命令主操及外操员"执行紧急停车操作"。

（5）主操听到班长通知后，点击 DCS 进行操作：

关闭乙烯切断阀 HV0501；

关闭氢气切断阀 HV0502；

关闭丁烯切断阀 HV0503；

关闭氢气控制阀 FIC2101、FIC2102；

关闭反应器底部母液进料阀 FIC2113、FIC2213；

关闭共聚单体乙烯进料控制阀 FIC2103、FIC2203；

关闭纯己烷控制阀 FIC2106；

打开泄压阀 HV2103、HV2203，将反应器压力卸至 0.1MPa。

(6) 外操员接到班长通知后,执行如下操作:

关闭反应器底部乙烯进料阀 VI10R201、VI10R202;

关闭冷却循环阀 VI1E201B、VI1E201A、VI1E211、VI2E211、VX2E202、VI2P211、VX2E201、VI1E210、VI2E210。

(7) 外操员处理完毕向班长汇报"现场已按紧急停车处理完毕"。

(8) 主操处理完毕向班长汇报"室内已按紧急停车处理完毕"。

(9) 待所有操作完成后,班长解除应急预案并向调度汇报"事故处理完毕,可通知维修工对 P103A 进行检修"。

(10) 班长用广播宣布"解除事故应急预案",车间紧急停车应急预案结束。

3. 第一反应器乙烯进料法兰泄漏事故

作业状态:反应器 R201、R202、R204 处于正常生产状况,各工艺指标操作正常。

事故描述:第一反应器乙烯进料控制阀 FIC2103 法兰泄漏。

应急处理程序:

注:下列命令和报告除特殊标明外,都是用对讲机来进行传递。

(1) 外操员正在巡检,当行走到反应器 R201 时看到乙烯进料控制阀 FIC2103 法兰泄漏。外操员立即向班长报告"乙烯进料控制阀 FIC2103 法兰泄漏",并马上跑回控制室戴好正压式空气呼吸器。

(2) 班长接到外操员的报警后,立即使用广播启动《车间危险品泄漏应急预案》;然后命令安全员"请组织人员到 1 号门口拉警戒绳";接着用中控室岗位电话向调度室报告(电话号码:12345678;电话内容:"乙烯进料控制阀 FIC2103 法兰泄漏,已启动应急预案")。

(3) 班长从中控室的工具柜中取出正压式空气呼吸器佩戴好,并携带 F 型扳手迅速去事故现场。

(4) 安全员收到班长的命令后,从中控室的物资柜中取出正压式空气呼吸器佩戴好,携带警戒绳,去 1 号大门口。到达后立即拉警戒绳(自动完成)。

(5) 外操员和班长对受伤人员进行救护。

(6) 班长通知主操"加强 DCS 监控",然后命令主操向 120 报警。

(7) 主操拨打 120 叫救护车"釜式聚乙烯车间乙烯进料控制阀法兰泄漏,有人中毒昏迷不醒,请派救护车来,拨打人张三"。

(8) 班长命令主操和外操进行紧急停车处理。

(9) 主操听到班长通知后,点击 DCS 进行操作:

关闭乙烯切断阀 HV0501;

关闭氢气切断阀 HV0502;

关闭丁烯切断阀 HV0503;

关闭氢气控制阀 FIC2101、FIC2102;

关闭共聚单体乙烯进料控制阀 FIC2103、FIC2203;

关闭反应器底部母液进料阀 FIC2113、FIC2213；

关闭纯己烷控制阀 FIC2106；

打开泄压阀 HV2103、HV2203，将反应器压力卸至 0.1MPa。

（10）外操员接到班长通知后，执行如下操作：

关闭反应器底部乙烯进料阀 VI10R201、VI10R202；

关闭冷却循环阀 VI1E201B、VI1E201A、VI1E211、VI2E211、VX2E202、VI2P211、VX2E201、VI1E210、VI2E210。

（11）外操员处理完毕向班长汇报"现场已按紧急停车处理完毕"。

（12）主操处理完毕向班长汇报"室内已按紧急停车处理完毕"。

（13）待所有操作完成后，班长向调度汇报"事故处理完毕，可通知维修工对泄漏点进行检修"。

（14）班长用广播宣布"解除事故应急预案"，车间紧急停车应急预案结束。

任务六　完成固定床反应器单元操作

固定床反应器介绍

一、工艺内容简介

1. 工作原理

固定床反应器又称填充床反应器，是装填有固体催化剂或固体反应物用以实现多相反应过程的一种反应器。固体物通常呈颗粒状，粒径 2～15mm 左右，堆积成一定高度（或厚度）的床层。床层静止不动，流体通过床层进行反应。固定床反应器主要用于实现气固相催化反应，如氨合成塔、二氧化硫接触氧化器、烃类蒸气转化炉等。用于气固相或液固相非催化反应时，床层则填装固体反应物。

固定床反应器有三种基本形式：①轴向绝热式固定床反应器；②径向绝热式固定床反应器；③列管式固定床反应器。

2. 流程说明

本单元模拟的乙炔加氢反应系统，其作用是除去脱乙烷塔顶气相混合 C_2 组分中的乙炔。

脱乙烷塔塔顶物料经加热后进入乙炔转化器（R101A/B），采用选择性加氢生成乙烯的方法，除去物料中所含的乙炔。本装置设有两台反应器，进行切换操作。在不影响连续操作的情况下，用过热蒸汽和空气的混合物对催化剂进行再生。

该加氢步骤分两步完成，以提高反应的选择性。反应都是在气相中进行的。通过流量控制将氢气干燥器的高纯度[95%（摩尔分数）]氢气加入反应器进料中。通过流量控制还加入少量粗氢（含有CO），以调节催化剂的活性。高纯度氢和粗氢还通过流量控制加入二段反应器进料中。反应器进料首先与乙炔转化器进料/排放物流换热器（E101）中的反应器排放物流换热，然后与乙炔转化器进料预热器E102中的低压蒸汽换热被加热到反应温度。随后，它进入第一个反应器床层，并向下流经催化剂床层。在第一个床层中应有大约75%的乙炔被转化。一段的排放物流在乙炔转化器中间冷却器中被冷却，以脱除反应的热量，然后进入第二个反应器床层，对剩余的乙炔进行加氢反应。

用于该工艺的催化剂是一种采用散布在氧化铝上的钯金属的加氢催化剂。第一段催化剂是作为一种选择性催化剂操作，其操作条件设定是用来加强乙炔转换为乙烯的反应。第二段催化剂是一种较小浓度选择的模式，可将反应器排放物流中的乙炔降到最低限度。

3. 工艺卡片

固定床单元工艺参数卡片如表2-23所示。

表2-23 固定床单元工艺参数卡片

名称	项目	单位	正常指标
原料进装置	流量	kg/h	38264
	温度	℃	-30
氢气进一段反应器	流量	kg/h	68
	温度	℃	15.8
粗氢进一段反应器	流量	kg/h	5
	温度	℃	15.8
氢气进二段反应器	流量	kg/h	23
	温度	℃	15.8
粗氢进二段反应器	流量	kg/h	4
	温度	℃	15.8
产品出装置	流量	kg/h	38364
	温度	℃	-9.6

4. 设备列表

固定床单元设备列表如表2-24所示。

表2-24 固定床单元设备列表

位号	名称	位号	名称
E101	进出料换热器	E105	出料冷却器
E102	进料加热器	R101A/B	乙炔转化器
E103	R101A/B 中间冷却器	R102A/B	乙炔转化器
E104	R102A/B 中间冷却器	D101	凝液罐

5. 仪表列表

固定床单元 DCS 仪表列表如表 2-25 所示。

表 2-25　固定床单元 DCS 仪表列表

点名	单位	正常值	控制范围	描述
FIC1001	kg/h	38624.0	35624.0～41624.0	原料进料流量控制
FIC1002	kg/h	68.0	63.0～73.0	一段反应器氢气进料流量控制
FIC1003	kg/h	23.0	17.0～30.0	二段反应器氢气进料流量控制
FIC1004	kg/h	5.0	2.0～10.0	一段反应器粗氢进料流量控制
FIC1005	kg/h	4.0	2.0～8.0	二段反应器粗氢进料流量控制
LIC1001	%	50.0		D101 液位控制
TIC1001	℃	30.0	20～40.0	一段反应器进料温度控制
TIC1002	℃	40.0	30～50.0	R101 二段反应器进料温度控制
TIC1003	℃			R102 二段反应器进料温度控制
PIC1001	MPa（G）	1.830	0～3.0	反应器压力控制
TI1004	℃	79.2		R101A 出口温度显示
TI1005	℃	40.0		R101B 出口温度显示
TI1006	℃	—		R102A 出口温度显示
TI1007	℃	—		R102B 出口温度显示
TI1008	℃	39.0		E105 热物流出口温度显示
TI1009	℃	-9.6		产品出装置温度显示
PI1002	MPa（G）	1.995	0～3.0	R101A 入口压力显示
PI1003	MPa（G）	1.918	0～3.0	R101A 出口压力显示
PI1004	MPa（G）	1.905	0～3.0	R101B 入口压力显示
PI1005	MPa（G）	1.830	0～3.0	R101B 出口压力显示
PI1006	MPa（G）	—	0～3.0	R102A 入口压力显示
PI1007	MPa（G）	—	0～3.0	R102A 出口压力显示
PI1008	MPa（G）	—	0～3.0	R102B 入口压力显示
PI1009	MPa（G）	—	0～3.0	R102B 出口压力显示

6. 现场阀列表

固定床反应器单元现场阀列表如表 2-26 所示。

表 2-26　固定床反应器单元现场阀列表

现场阀位号	描述	现场阀位号	描述
FV1001B	控制阀 FV1001 的旁路阀	FV1005O	控制阀 FV1005 的后阀
FV1002B	控制阀 FV1002 的旁路阀	TV1001AI	控制阀 TV1001A 的前阀
FV1003B	控制阀 FV1003 的旁路阀	TV1001AO	控制阀 TV1001A 的后阀
FV1004B	控制阀 FV1004 的旁路阀	TV1001BI	控制阀 TV1001B 的前阀
FV1005B	控制阀 FV1005 的旁路阀	TV1001BO	控制阀 TV1001B 的后阀
TV1001AB	控制阀 TV1001A 的旁路阀	TV1002I	控制阀 TV1002 的前阀
TV1001BB	控制阀 TV1001B 的旁路阀	TV1002O	控制阀 TV1002 的后阀
TV1002B	控制阀 TV1002 的旁路阀	TV1003I	控制阀 TV1003 的前阀
TV1003B	控制阀 TV1003 的旁路阀	TV1003O	控制阀 TV1003 的后阀
PV1001B	控制阀 PV1001 的旁路阀	PV1001I	控制阀 PV1001 的前阀
VX1E103	E103 循环冷却水入口阀	PV1001O	控制阀 PV1001 的后阀
VX1E104	E104 循环冷却水入口阀	LV1001I	控制阀 LV1001 的前阀
VX1E105	E105 循环冷却水入口阀	LV1001O	控制阀 LV1001 的后阀
VX1R101A	R101A 的排污阀	SPV101I	D101 罐顶安全阀前阀
VX1R101B	R101B 的排污阀	SPV101O	D101 罐顶安全阀后阀
VX1R102A	R102A 的排污阀	SPV101B	D101 罐顶安全阀旁路阀
VX1R102B	R102B 的排污阀	SPV101	D101 罐顶安全阀
VI1R101A	原料去 R101A 的开关阀	SPV102I	R101A 顶部安全阀前阀
VI1R101B	氢气去 R101B 的开关阀	SPV102O	R101A 顶部安全阀后阀
VI2R101B	反应产物出 R101B 的开关阀	SPV102B	R101A 顶部安全阀旁路阀
VI1R102A	原料去 R102A 的开关阀	SPV102	R101A 顶部安全阀
VI1R102B	氢气去 R102B 的开关阀	SPV103I	R101B 顶部安全阀前阀
VI2R102B	反应产物出 R102B 的开关阀	SPV103O	R101B 顶部安全阀后阀
VX1R101	反应产物去 E105 的阀门	SPV103B	R101B 顶部安全阀旁路阀
VI4R101	不合格油出装置阀门	SPV103	R101B 顶部安全阀
FV1001I	控制阀 FV1001 的前阀	SPV104I	R102A 顶部安全阀前阀
FV1001O	控制阀 FV1001 的后阀	SPV104O	R102A 顶部安全阀后阀
FV1002I	控制阀 FV1002 的前阀	SPV104B	R102A 顶部安全阀旁路阀
FV1002O	控制阀 FV1002 的后阀	SPV104	R102A 顶部安全阀
FV1003I	控制阀 FV1003 的前阀	SPV105I	R102B 顶部安全阀前阀
FV1003O	控制阀 FV1003 的后阀	SPV105O	R102B 顶部安全阀后阀
FV1004I	控制阀 FV1004 的前阀	SPV105B	R102B 顶部安全阀旁路阀
FV1004O	控制阀 FV1004 的后阀	SPV105	R102B 顶部安全阀
FV1005I	控制阀 FV1005 的前阀		

7. 固定床反应器仿真 PID 图

固定床反应器仿真 PID 图图如图 2-57、图 2-58 所示。

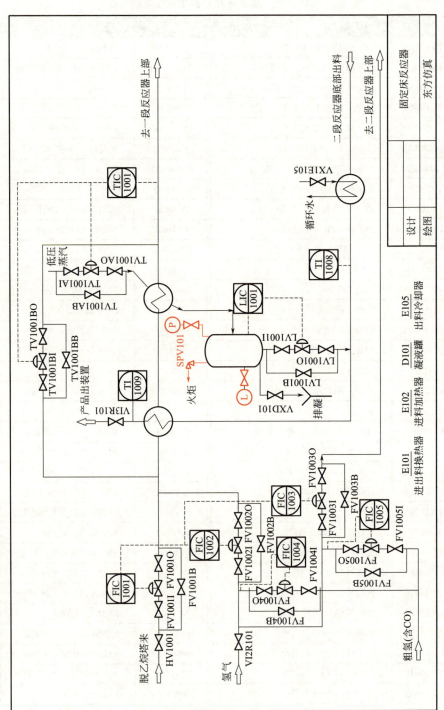

图 2-57 进料换热 PID 图

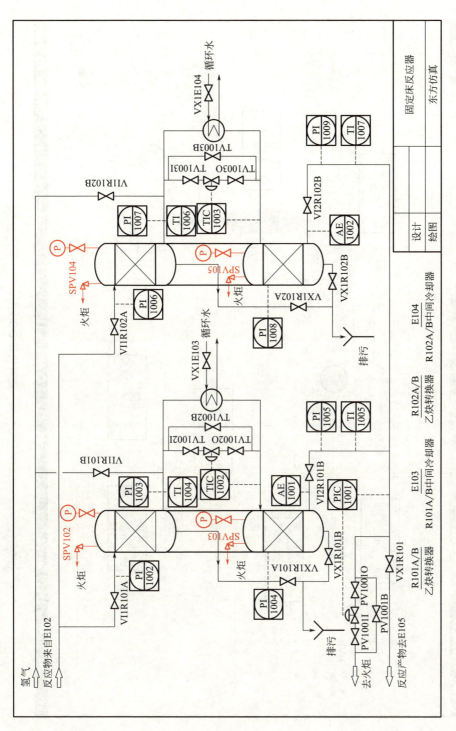

图 2-58 反应部分 PID 图

8. 固定床反应器 DCS 图

固定床反应器 DCS 图如图 2-59、图 2-60 所示。

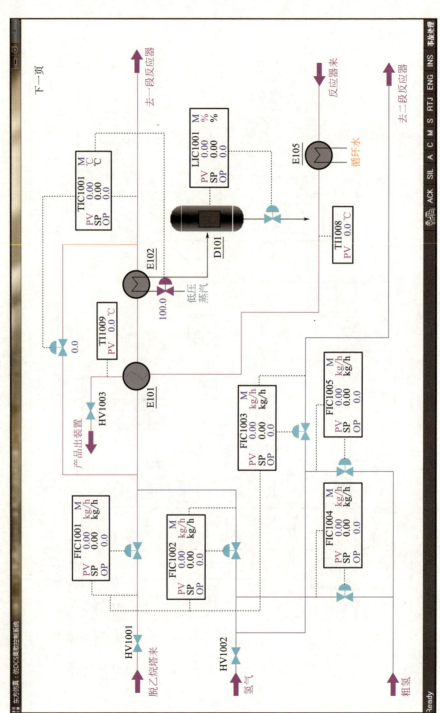

图 2-59 进料换热 DCS 图

108

模块二 装置单元技能操作

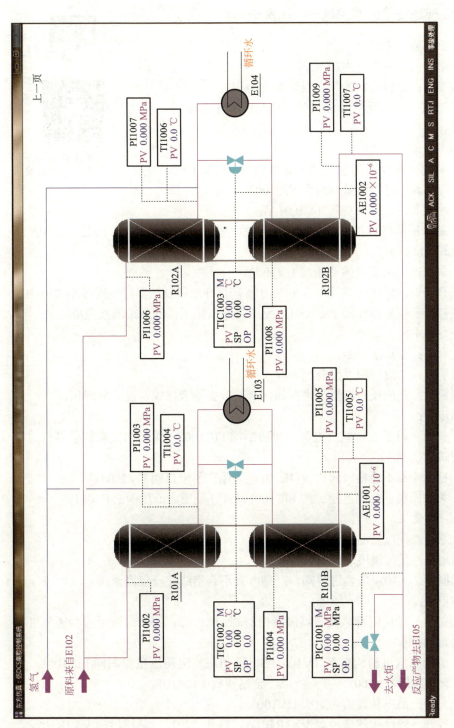

图2-60 反应部分DCS图

109

二、作业现场安全隐患排除——仿真与实物

1. 反应器氢气中断

事故原因：原料进料中断。

事故现象：原料进料为零，反应温度急剧上升。

处理原则：关闭反应器进料阀，产品改去不合格线，反应器泄压。

具体步骤：

（1）关闭一段反应器氢气进料流量控制阀 FIC1002，关闭二段反应器氢气进料流量控制阀 FIC1003。

（2）关闭蒸汽进料阀前阀 TV1001AI。

（3）关闭原料进料控制阀 FIC1001，关闭氢气进料切断阀 UV1002，打开产品不合格线阀 VI4R101。

（4）关闭产品出装置的切断阀 UV1003。

（5）打开一段反应器排污阀 VX1R101A，打开二段反应器排污阀 VX1R101B。

（6）打开反应器泄压阀 PIC1001，反应器泄压完闭，凝液罐泄液完成。

固定床反应器单元作业现场安全隐患排除

2. 冷却水中断

事故原因：冷却水中断。

事故现象：二段反应温度升高。

处理原则：关闭反应器氢气进料阀，产品改去不合格线，反应器泄压。

具体步骤：

（1）关闭一段反应器氢气进料流量控制阀 FIC1002，关闭二段反应器氢气进料流量控制阀 FIC1003。

（2）打开产品不合格线阀门 VI4R101，关闭产品出口阀 UV1003。

（3）关闭原料进料流量控制阀 FIC1001，打开反应器泄压阀 PIC1001。

3. 反应器飞温

事故原因：反应器温度偏高。

事故现象：反应温度急剧上升。

处理原则：关闭反应器进料阀，产品改去不合格线，反应器泄压。

具体步骤：

（1）关闭一段反应器氢气进料流量控制阀 FIC1002，关闭二段反应器氢气进料流量控制阀 FIC1003。

（2）关闭蒸汽进料阀前阀 TV1001AI，关闭原料进料流量控制阀 FIC1001，关闭氢气进料切断阀 UV1002，打开产品不合格线阀 VI4R101。

（3）关闭产品出装置的切断阀 UV1003。

（4）打开一段反应器排污阀 VX1R101A，打开二段反应器排污阀 VX1R101B。

(5) 打开反应器泄压阀 PIC1001，反应器泄压完成，凝液罐泄液完毕。

三、作业现场应急处置——仿真

1. 反应器二段出口法兰泄漏着火有人受伤

作业状态：反应器 R101 处于正常生产状况，各工艺指标操作正常。

事故描述：反应器二段出口法兰泄漏着火，有人受伤。

应急处理程序：

注：下列命令和报告除特殊标明外，都是用对讲机来进行传递。

扫一扫看视频

固定床反应器单元作业现场应急处置

（1）外操员正在巡检，当行走到反应器 R101 时看到二段出口法兰处泄漏着火，有人受伤。外操员立即向班长报告"反应器二段出口法兰泄漏着火，有人受伤"。

（2）班长接到外操员的报警后，立即使用广播启动《车间泄漏着火应急预案》；然后命令安全员"请组织人员到 1 号门口拉警戒绳"；接着用中控室岗位电话向调度室报告发生泄漏着火（电话号码：12345678；电话内容："反应器二段出口法兰泄漏着火，有人受伤，已启动应急预案"）。

（3）班长和外操员从中控室的工具柜中取出空气呼吸器戴好，并携带 F 型扳手迅速去事故现场。

（4）安全员收到班长的命令后，从中控室的物资柜中出空气呼吸器佩戴好，携带警戒绳，去 1 号大门口。到达后立即拉警戒绳（自动完成）。

（5）班长命令外操员使用消防炮对反应器进行降温控制（如班长自己操作可不发此命令）。

（6）班长命令主操"请拨打电话 119，报火警"（如班长自己拨打 119 可不发此命令）。主操拨打 119"固定床反应器单元反应器二段出口法兰处泄漏，乙烯着火，火势较大，无法控制，请派消防车来灭火，报警人张三"。

（7）班长命令主操"请拨打电话 120，叫救护车"。主操拨打 120"固定床反应器单元反应器二段出口法兰处乙烯泄漏，有人中毒昏倒，请派救护车来救人，拨打人张三"。

（8）班长通知安全员"请组织人员到 1 号门口引导消防车"。

（9）班长通知安全员"请组织人员到 1 号门口引导救护车"。

（10）班长通知主操及外操员"执行紧急停车操作"。

（11）班长和外操员到现场将受伤人员抬到安全地方。

（12）主操听到班长通知后，点击 DCS 进行操作：

按动紧急停车按钮 HS1001；

手动关闭 FIC1002 和 FIC1003；

手动打开 PIC1001；

手动关闭加热蒸汽去 E102 控制阀 TIC1001。

（13）外操接到班长的命令后执行相应操作：

关闭反应产物去 E105 阀 VX1R101；

关闭氢气去一段和二段控制阀的前阀（FV1002I 和 FV1003I）；

手动关闭加热蒸汽去 E102 控制阀的前阀；

关闭原料进装置控制阀的前阀（FV1001I）。

（14）安全员听到班长的命令后，打开消防通道，引导消防车、救护车进入事故现场。救护车到现场将受伤人员救走（自动完成）。

（15）火已熄灭，反应器压力泄到零。

（16）外操员处理完毕向班长汇报"现场已按紧急停车处理完毕"。

（17）主操处理完毕向班长汇报"室内已按紧急停车处理完毕"。

（18）待所有操作完成后，班长向调度汇报"事故处理完毕，可通知维修工对反应器泄漏的法兰进行检修"。

（19）班长广播"解除应急预案"。

（20）整个事故处理结束。

2. 反应器一段入口阀门泄漏着火

作业状态：反应器 R101 处于正常生产状况，各工艺指标操作正常。

事故描述：反应器一段入口阀门泄漏着火。

应急处理程序：

注：下列命令和报告除特殊标明外，都是用对讲机来进行传递。

（1）外操员正在巡检，当行走到反应器 R101 时看到一段入口阀门处泄漏着火。外操员立即向班长报告"反应器一段入口阀门泄漏着火"。

（2）班长接到外操员的报警后，立即使用广播启动《车间泄漏着火应急预案》；然后命令安全员"请组织人员到 1 号门口拉警戒绳"；接着用中控室岗位电话向调度室报告发生泄漏着火（电话号码：12345678；电话内容："反应器一段入口阀门泄漏着火，已启动应急预案"）。

（3）班长和外操员从中控室的工具柜中取出空气呼吸器戴好，并携带 F 型扳手迅速去事故现场。

（4）安全员收到班长的命令后，戴好空气呼吸器，携带警戒绳，去 1 号大门口。到达后立即拉警戒绳（自动完成）。

（5）班长命令外操员使用消防炮对反应器进行降温控制（如班长自己操作可不发此命令）。

（6）班长通知主操及外操员"执行紧急停车操作"。

（7）班长命令主操"请拨打电话 119，报火警"（如班长自己拨打 119 可不发此命令）。主操打 119 汇报"固定床反应器单元反应器一段入口法兰处泄漏，乙炔着火，火势较大，无法控制，请派消防车来灭火，拨打人张三"。

（8）主操听到班长通知后，点击 DCS 进行操作：

按动紧急停车按钮 HS1001；

手动关闭 FIC1002 和 FIC1003；

手动打开 PIC1001；

手动关闭加热蒸汽去 E102 控制阀 TIC1001。

（9）外操接到班长的命令后执行相应操作：

关闭反应产物去 E105 阀 VX1R101；

关闭氢气去一段和二段控制阀的前阀（FV1002I 和 FV1003I）；

手动关闭加热蒸汽去 E102 控制阀的前阀；

关闭原料进装置控制阀的前阀（FV1001I）。

（10）安全员听到班长的命令后，打开消防通道，引导消防车进入事故现场（自动完成）。

（11）火已熄灭，反应器压力泄到零。

（12）外操员处理完毕向班长汇报"现场已按紧急停车处理完毕"。

（13）主操处理完毕向班长汇报"室内已按紧急停车处理完毕"。

（14）待所有操作完成后，班长向调度汇报"事故处理完毕，可通知维修工对反应器泄漏的法兰进行检修"。

（15）班长广播"解除应急预案"。

（16）整个事故处理结束。

3. 粗氢一段入口控制阀前阀泄漏有人中毒

作业状态：反应器 R101 处于正常生产状况，各工艺指标操作正常。

事故描述：粗氢一段入口控制阀前阀一氧化碳/氢气法兰泄漏，有一工人中毒晕倒在地。

应急处理程序：

注：下列命令和报告除特殊标明外，都是用对讲机来进行传递。

（1）外操员正在巡检，刚行走进装置区看到 FIC1004（含有一氧化碳/粗氢控制阀）附近有一工人中毒晕倒在地。外操员立即向班长报告"FIC1004 附近有一工人中毒晕倒在地"，然后返回中控室取出空气呼吸器佩戴好。

（2）班长接到外操员的报警后，立即使用广播启动《车间危险化学品泄漏应急预案》；然后命令安全员"请组织人员到 1 号门口拉警戒绳"；接着用中控室岗位电话向调度室报告发生泄漏（电话号码：12345678；电话内容："FIC1004 处泄漏，有一工人中毒晕倒在地，已启动应急预案"）。

（3）班长向外操员发布"立即去事故现场救人"的命令；班长从中控室的物资柜中取空气呼吸器佩戴好，并携带 F 型扳手迅速去事故现场。

（4）安全员收到班长的命令后，从中控室的物资柜中取出空气呼吸器佩戴好，携带警戒绳，去 1 号大门口。到达后立即拉警戒绳（自动完成）。

（5）班长带领外操员到达现场，将中毒人员移出装置区。班长通知主操"请打电话 120 叫救护车，并监视 DCS 数据"；命令外操员"检查泄漏点和泄漏情况"。

（6）主操向 120 呼救"固定床反应器单元粗氢入口阀门处，含一氧化碳的粗氢泄漏，有人中毒昏倒，请派救护车来救人，拨打人张三"。

（7）班长通知安全员"请组织人员到 1 号门口引导救护车"。

（8）外操员到 FIC1004 处检查，发现 FIC1004 前阀入口法兰泄漏，随后向班长报告"发现 FIC1004 前阀入口法兰泄漏"。

（9）几分钟后救护车到来，将中毒工人救走（自动完成）。

（10）班长命令外操员"切换控制阀。FIC1004 旁路阀稍开，关闭 FIC1004 前后阀"，同时命令主操"现场切换控制阀旁路，注意观察"。

（11）外操打开粗氢一段反应器控制阀 FIC1004 旁路阀，关闭 FIC1004 前后阀。

（12）外操报告班长"控制阀切换完毕"。

（13）班长通知调度"请仪表工进行控制阀检修"。

（14）几分钟后仪表工到来，进行控制阀检修。检修完毕，通知外操员"仪表检修完毕"（自动完成）。

（15）检修完毕，外操员汇报班长"仪表工已检修完毕"。

（16）班长通知外操"现场将打开控制阀 FIC1004 前后阀"。

（17）外操员通知主操"将打开控制阀 FIC1004 前后阀"，然后打开控制阀 FIC1004 前后阀，同时关闭其旁路阀。外操员向班长汇报"事故处理完毕"。

（18）班长向调度报告"中毒工人已送往医院，泄漏点处理完毕，生产恢复正常"。

（19）班长广播解除应急预案。

（20）整个事故处理结束。

参 考 文 献

[1] 全国安全生产教育培训教材编审委员会. 烷基化工艺作业 [M]. 徐州：中国矿业大学出版社，2018.
[2] 全国安全生产教育培训教材编审委员会. 胺基化工艺作业 [M]. 徐州：中国矿业大学出版社，2013.
[3] 赵刚. 化工仿真实训指导 [M]. 3版. 北京：化学工业出版社，2019.
[4] 国家安全生产监督管理总局人事司（宣教办），国家安全生产监督管理总局培训中心. 特种作业安全技术实际操作考试标准（试行）汇编 [M]. 徐州：中国矿业大学出版社，2015.
[5] 张荣，张晓东. 危险化学品安全技术 [M]. 北京：化学工业出版社，2009.